U0319614

正念觉醒

ZHENG NIAN JUE XING

别 让 你 的 情 绪 毫 无 价 值

栎嘉 / 著

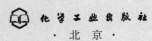

化学工业出版社

· 北 京 ·

图书在版编目（CIP）数据

正念觉醒 ：别让你的情绪毫无价值 / 栎嘉著 .

北京 ： 化学工业出版社，2024. 12. -- ISBN 978-7-122-
29122-6

Ⅰ. B842.6-49

中国国家版本馆 CIP 数据核字第 2024VB6246 号

责任编辑：龚　娟　　　　　版式设计：溢思视觉设计／程超
E-mail: isstudio@126.com
责任校对：王　静

出版发行：化学工业出版社（北京市东城区青年湖南街 13 号　邮政编码 100011）
印　　装：盛大（天津）印刷有限公司
880mm×1230mm　1/32　印张 7　字数 146 千字
2025 年 1 月北京第 1 版第 1 次印刷

购书咨询：010-64518888　　　售后服务：010-64518899
网　　址：http://www.cip.com.cn
凡购买本书，如有缺损质量问题，本社销售中心负责调换。

定　　价：58.00 元　　　　　　　　版权所有　违者必究

序

在这个充满压力与焦虑的时代，情绪的起伏似乎成了我们生活的常态。焦虑、愤怒、悲伤、自卑……这些负面情绪如同看不见的枷锁，束缚着我们的内心，影响着我们的生活质量。我们常常在这些情绪的冲击下感到无所适从，甚至对自己的情感失去控制，逐渐陷入一种无力与迷茫的状态。

情绪本身并非敌人，它是我们内心真实的反映，是我们对外界刺激的自然反应。情绪的存在不仅不可避免，更有其深刻的意义。我们需要做的不是回避或压抑这些情绪，而是通过理解与引导，将它们转化为我们生活中的力量源泉。而这，正是正念的力量所在。

写这本书的初衷，是为了帮助更多的人从生活中的负面情绪中解脱出来，通过正念的练习，学会与自己的情绪和平共处，不再被不良情绪所困扰，并从情绪中汲取智慧与力量。正念并不神秘，它是一种可以在生活的每一刻都加以运用的技巧。正确运用它可以教会我们如何专注于当下，以一种不评判的心态去观察和接受自己的情绪，从而达到内心的平衡及对情绪的自我掌控。

书中的每一章都为你提供了实用的指导，从理解正念开始，到如何管理负面的情绪；从如何处理日常生活中的压力，到建立和谐的人际关系。每一部分的内容都旨在帮助你在快节奏的环境中找到自己的节奏。你将学会如何运用正念来提升情绪的价值，增强自我认同和幸福感。

通过本书，你将了解到：

● 如何识别并接受自己的情绪，而不是让它们主宰你的生活。

● 如何通过正念练习来减轻压力，找到内心的平静与平衡。

● 如何在生活的各个方面融入正念，使你的行为都变得更有意义。

● 如何建立健康的自我认知和人际关系，不再被外界的评价所左右。

……

我相信，正念不仅仅是解决情绪问题的方法，更是一种生活态度。当我们能够用正念去面对生活，情绪将不再是我们前行的障碍，而是帮助我们实现个人成长的动力源泉。

无论你正在经历怎样的情感波动，或是在面对怎样的生活挑战，本书都将为你提供有力的支持与指导，帮助你在正念的引导下，找到属于自己的那份平静与幸福。

　　愿这本书能够成为你探索内心世界的指南，帮助你用正念的力量，拥抱生命中的每一刻，赋予每一种情绪新的意义，从而在日常的点滴中收获真正的快乐与满足。

目录

第九章 日常生活中的正念之道 / 193

第一章

正念：
持续幸福的
钥匙

在这个快节奏的社会中，我们常常被各种压力和焦虑所困扰，难以找到内心的宁静。而正念可以引导我们专注于当下，不带评判地感受自己的思想和情感，从而在纷扰中找到安宁，并增强我们内心的幸福感。

什么是正念？

正念，是一种专注于当下、不带评判的意识状态。它指引我们全心全意地活在当下，关注自己的思想、情感和身体感受，而不被过去的悔恨或未来的焦虑所束缚。正念不仅是一种心态，更是一种生活方式，它能让我们在日常生活中找到内心的平静与幸福。

让我们通过一个很小却很常见的例子，来感受一下正念对情绪的影响吧。

一个忙碌的城市早晨，张玲正在赶地铁上班的路上。她的脑海中充斥着未完成的工作、家庭琐事以及对未来的担忧。突然，她的手机铃声

正念觉醒：别让你的情绪毫无价值

响起，是儿子打来的电话，告诉她今天早上忘了带午餐去学校。挂断电话后，张玲的情绪瞬间崩溃，感到无比焦虑和愧疚。

此刻，她决定深呼吸，把注意力集中在呼吸上。她告诉自己，这一刻，只需关注呼吸和身体的感觉，暂时放下内心的纷扰和杂念，不再对眼前的困境做过多的评判。

正念的实践帮助张玲在瞬间找回了内心的平静。当她再次拿起电话时，她已经能够冷静地应对，思维变得异常清晰，她告诉儿子自己会尽快处理。这种专注于当下的意识不仅让她有效地解决了问题，还让她避免了情绪进一步恶化。

正念不仅仅是一种应对压力的工具，更是一种生活哲学。通过正念，我们学会了如何与自己的内心对话，如何在纷扰的世界中找到片刻的宁静。正念引导我们关注当下的每一个细节，不再被过去的悔恨或未来的忧虑所困扰。这种心态让我们能够更深刻地体验生活，发现那些平时被忽略的美好瞬间。

正念的力量在于它的简洁和直接。你不需要复杂的设备或特殊的环境，只需一个安静的角落和几分钟的时间，就可以开始你的正念练习。

比如，在一个阳光明媚的早晨，你可以坐在阳台上，闭上眼睛，感受阳光洒在脸上的温暖，听鸟儿的鸣叫，闻空气中的花香。这些简单的体验，正是正念的核心所在。

张玲的故事只是正念实践中的一个缩影。我们每天都在应对各种压力和挑战，因此，许多人在生活中随时都会遇到类似的情境。正念教会我们如何在这些时刻保持冷静，找到内心的平衡。正念不仅改善了我们

的情绪状态，还增强了我们的心理韧性，让我们在面对生活的波折时更加从容。

正念的实践不仅仅是关注呼吸和身体感受，更是对自我和生活的深刻觉知。通过正念，我们可以更加清晰地认识自己的情感和反应模式，从而做出更明智的选择。比如，当张玲在地铁上感到焦虑时，她意识到这种情绪是因为对未完成任务的担忧。通过正念，她学会了如何接纳这种情绪，而不是让它主宰自己的行为。

正念与幸福的内在联系

正念不仅仅是一种应对压力的工具，更是一座通向幸福的桥梁。当我们能够专注于当下的每一刻，体验到生活中的每一个细节，我们会发现幸福其实无处不在。

李明是一位事业有成的年轻创业者，尽管他的公司蒸蒸日上，家庭幸福美满，但他总觉得生活中缺少了什么。他忙于计划未来，回顾过去的成就，却忽略了当下的感受。繁忙与疲惫以及对未来的担忧，让他总是陷入一种空虚和焦虑的情绪中。

一个偶然的机会，李明开始接触并了解正念，进而学会了如何关注当下的每一个细节——食物的味道、空气的清新、家人的微笑。这种全新的体验让他意识到，原来幸福并不是遥不可及的目标，而是隐藏在日常生活的每一个细节中。

在正念的学习过程中，李明逐渐觉醒，他从过去和未来的思绪中解脱出来，学会全心全意地体验当下的每一刻。当他坐在餐桌前，品尝妻子精心准备的晚餐时，他不再被工作上的牵挂所分心，而是细细品味每一口食物的味道，感受着家人的陪伴和家庭的温暖。

通过这种简单的正念练习，李明逐渐发现自己的内心变得更加宁静，开始享受与家人共度的时光，感受大自然的美好。这种转变不仅提升了他的生活质量，也让他找回了内心的满足感和幸福感。

正念让我们能够更加深入地体验生活，发现那些平时被忽略的美好瞬间。当我们全心全意地关注当下，会体验到更多幸福。通过正念，我们可以学会如何欣赏生活中的每一个细节，无论是清晨的第一缕阳光，还是朋友间的一次温暖问候，这些看似微不足道的瞬间，都能带给我们无尽的幸福感。

通过正念，我们可以接受自己的情感，而不是被它们所控制。比如李明，他通过正念的练习，学会了如何在焦虑和压力来袭时，不被这些情绪所左右，而是通过深呼吸和专注于当下，找到内心的平静。

正念还可以帮助我们改善人际关系，这也是提升幸福感的一个重要因素。当我们能够更好地管理自己的情绪时，我们与他人的互动也会更加和谐。通过正念练习，你会发现自己与家人、同事的关系变得更加融

洽，你能够更冷静地处理矛盾，更有耐心地倾听他人的意见，这会让你在家庭和工作中获得更多的支持和理解。

从被动到主动：掌握正念的力量

一位哲人曾经说过：心态就是一个人真正的主人，要么你去驾驭生命，要么是生命驾驭你，而你的心态将决定谁是坐骑，谁是骑手。仔细想想，这句话是多么富有哲理！

生活中，你可能会发现，自己有时候会陷入一种被动接受的状态中，无形中被压力和快节奏的生活推着前进。似乎所有的事情都在控制你，而不是你自己在掌控自己的生活。

　　李丽曾经就是这样一位角色接受者。她在一家大型广告公司担任项目经理。她的生活节奏被公司内外的各种事务推着前行。每当遇到突如其来的工作要求，或者家庭中的琐事，她总觉得力不从心。她的生活被各种压力和挑战填满，几乎没有时间和空间来关照自己的内心。

　　李丽的日常工作异常繁杂，身为经理，她不仅要同时跟进多个项目的进展，还需精心协调团队成员之间的工作，并耐心解答客户提出的各种问题。每一天，她都有应接不暇的电话、连绵不断的会议和堆积如山

的邮件，时间被安排得满满当当，几乎没有喘息的机会。每当项目进入关键阶段，她的压力便会陡增，特别是当项目遭遇瓶颈或出现问题时，客户的不满和上司的施压都会让她感到几乎喘不过气来。

一天，李丽因为一个项目的延期问题与客户发生了激烈的争执。客户在电话里大发雷霆，责怪李丽的团队工作效率低下，甚至威胁要取消合同。这让李丽感到非常无助和愤怒，她的情绪一度崩溃。为了平息客户的怒火，她不得不加班处理问题，试图挽回客户的信任。然而，长时间的高压工作让她备感疲惫。

那天晚上，李丽拖着疲惫的身躯回到家中，却发现自己的孩子因为一些小事在学校受到了欺负。孩子哭着诉说自己的委屈，这让李丽感到非常心痛。与此同时，她的丈夫也因为工作上的烦恼心情不好，变得非常暴躁。李丽感觉自己已经到了崩溃的边缘，家庭的压力和工作的困扰让她几乎无法承受。

回想一下，你是否也有过类似李丽这样的经历：上司一句略带不满的话语，就让你焦虑不安，一整天都在脑海中反复回想；猛然间，你意识到某项学习或工作的截止日期已悄然逼近，而你差点忘记，瞬间陷入自责与恐惧的漩涡；最近的一次投资失败，让你损失惨重，你整日愁眉不展，夜晚辗转反侧，难以入眠……

随着焦虑与无助感的日益累积，你时常感觉自己仿佛一艘在狂风巨浪中漂泊的小船，无法掌控自己的方向，只能被无情的巨浪推着前行，无助而迷茫。

首先，你需要认识到自己正处于被动状态，这是改变的第一步。

然后，深入反思自己的生活，努力找出那些让你感到被动和无力的因素。这些因素可能是工作上的过度压力，也可能是家庭中的麻烦事，或者是受到社交媒体上的负面信息的影响。一旦找出这些因素，要勇于承认它们对你生活的影响。

接下来，你需要借助正念的力量去改变自己的反应模式。当你感到焦虑或不安时，尝试停下来，深呼吸几次，把注意力集中在呼吸上。仔细感受自己的情绪，而不是立即做出冲动的反应。这样，你可以更清晰地认识情绪的来源，并找到解决问题的方法。

例如，当你在工作中遇到困难时，不要急于做出反应。停下来，深呼吸，问问自己："这件事真的值得我这么焦虑吗？有没有更好的解决办法？"这样你就可以更理性地处理问题，避免情绪的过度反应。

使用正念的力量，你可以从被动的生活状态中解脱出来，开始主动掌控自己的生活。当你开始主动掌控自己的生活时，你会发现，很多事情并不像你想象的那么难以应对。你会变得更加平静和理性，能够更有效地解决问题。你的工作效率会提高，家庭关系会得到改善，内心的平静和满足感也会逐渐增加。

幸福的关键：当下的情绪

在追求幸福的路上，我们常常犯一个错误，就是把幸福寄托在未来的某个时刻。我们告诉自己，"当我完成这个项目的时候，我会幸福""当我买了那栋房子的时候，我会幸福""当我找到理想的伴侣时，我会幸福"。

对未来充满期望固然是值得肯定的，但如果过度沉迷于对未来的憧憬，而忽视了当下的生活与成就，也很容易让我们对今天的自己产生出负面的情绪。特别是当你的人生正处于瓶颈期，离你期望的幸福相距甚远的时候，你可能会对自己感到失望，可能会变得焦虑，甚至产生出抑郁的情绪。

让我们用一位年轻人的经历来说明这一点。

　　小林是一位刚毕业没多久的年轻人，他非常羡慕那些事业有成、家庭幸福的成功者。小林时常会想象有朝一日，自己开创了辉煌的事业，娶了一位年轻漂亮的妻子，买了城市中心一栋漂亮的公寓，过上令人羡慕的幸福生活。

　　一想起这些美好的愿景，小林对自己的未来充满期待，但在现实生活中，作为一个初出茅庐的年轻人，他只能从一名最普通的基层员工做起。小林每天都在努力地工作，成天忙忙碌碌，很少娱乐和社交。但工作了几年，他在事业上并没有太大的发展，依然收入微薄。每天，小林依然拖着疲惫的身体往返于自己租住的小房间和工作单位之间。

　　小林的生活被未来的梦想和现实的困境分割成两个世界。白天，他拼命工作，想着自己总有一天会出人头地；夜晚，他面对现实，感到自己的梦想似乎遥不可及。这种状态让他内心充满了矛盾和痛苦，小林常常哀叹："我什么时候才能得到自己想要的幸福？"

你有没有发现，小林把幸福寄托在未来的成功上，这让他在潜意识里无法认可现在的自己。这种思维方式不仅让他对未来能不能成功充满焦虑，还让他忽视了当下的生活。

　　事实上，幸福并不是遥不可及的未来目标，而是存在于我们生活的每一个瞬间。当我们把幸福寄托在未来的某个时刻时，我们实际上已经否定了当下的自己和生活。当我们在内心深处否定自己时，我们又如何能够产生幸福感呢？

　　正如小林，他每天都在为未来的成功而忙碌，却从未停下来感受当下的生活。他没有意识到，幸福其实是可以在现在就找到的，只要他学会接纳和理解当下的自己，关注自己当前的感受。

幸福的关键在于我们如何对待当下的情绪。无论生活中发生什么，我们都有能力选择如何回应。通过正念和情绪管理，我们可以学会接纳当下的每一个情绪，找到内心的平静和幸福。

当你感到焦虑、愤怒或无助时，不妨试着停下来，深呼吸几次，关注自己的感受。问问自己："我现在的感觉是什么？我为什么会有这种感觉？"通过这种方式，你可以更好地理解自己的情绪，找到应对的方法。

当下的情绪是我们幸福的关键。无论我们身处何种情境，面对怎样的挑战，情绪都是我们对这些体验的直接反应。如果我们能够学会理解和管理当下的情绪，就能够在生活中的每个瞬间都找到幸福的源泉。

通过正念，发现生活中的小确幸

通过正念的练习，我们能够更加深入地体验生活中的每一个瞬间，从而发现那些隐藏在日常生活中的小确幸。

"小确幸"这个词源自村上春树的随笔集《兰格汉斯岛的午后》，意指生活中那些微小而确定的幸福。村上春树在这本书中讲到，他自己选购内裤后，将洗涤过的洁净内裤细心卷叠好，然后整齐地放入抽屉中，这时，他内心深处就有一种微小而真确的幸福与满足。

小确幸可能是早晨喝一杯热咖啡，阅读一本喜欢的书，或是和朋友的一次愉快交谈。这些微小的瞬间，虽然不起眼，但如果认真去体会，能为我们带来真实而温暖的幸福感，让我们在面对压力和挑战时更加从容和坚定。

如何发现和体会生活中的小确幸呢？这还是需要借助正念的力量，因为正念是一种专注于当下、不带评判的意识状态。通过正念，我们可以更加细致地感受生活中的每一个瞬间，从而发现那些被我们忽视的小幸福。

和很多都市中的职业女性一样，米雅的生活充满了压力和忙碌。每天，她都在为繁重的工作和繁多的家庭琐事忙碌，很少有时间停下来感受生活的美好。尽管工作和生活还算顺利，但米雅终日感觉不到快乐，她总觉得问题会接二连三地涌现，等待她去解决。

一次偶然的机会，米雅开始学习正念练习，她觉得这正是她所需要的，并决定在生活中尝试实践。在工作中，当她感到压力时，她不再急躁，而是主动停下来，深呼吸几次，把注意力集中在当下。她学会了观察自己的情绪，而不是被情绪所左右。她发现，当她专注于手头的任务，享受工作的过程时，工作所带来的压力在逐渐降低，而自己变得更加轻松和愉快。

通过正念的练习，米雅开始发现生活中有许多的小确幸。有一次，米雅在下班回家的路上，突然看到一家小书店。她有很多年没有逛过书店了。米雅走进去，寻找到许多她喜欢的书。那一刻，她感到无比的幸福和满足。

正念觉醒：别让你的情绪毫无价值

米雅在书店里度过了愉快的一晚，几乎未察觉时间的流逝。走出书店的时候，她意识到，生活中有许多美好的事物，只要用心去发现，就能感受到那些微小而确定的幸福。

通过正念，我们可以学会更加专注于当下，发现生活中的小确幸。无论是工作中的小成就，还是生活中的小惊喜，这些微小的幸福瞬间，都能为我们的生活增添色彩。

当你感到压力和焦虑时，不妨停下来，深呼吸几次，观察一下周围的环境，感受一下内心的情绪。你会发现，生活中有许多值得我们去感受和珍惜的小确幸。让我们学会专注于当下，享受生活中的每一个美好瞬间，找到内心的平静和满足，创造更加幸福的生活。

开启你的正念之旅

正念不仅是一种心理练习，更是一种生活方式。它能帮助我们在纷扰的世界中找到内心的平静与幸福。如果你已经准备好将正念融入你的日常生活中，以下有几个帮助你开启这段旅程的实用建议。

1. 从小步骤开始

正念并不要求你立刻进行长时间的冥想。你可以从简单的呼吸练习开始。每天花几分钟时间，专注于自己的呼吸，感受气息的进出，慢慢将注意力集中在当下。这个过程不需要复杂的工具或环境，只需要你的一份专注和意愿。

例如，每天早晨醒来，你可以花几分钟坐在床上，闭上眼睛，深呼吸几次。感受呼吸带来的清新，感受随之而来的轻松与舒适。这是你开启正念之旅的第一步。通过这种简单的练习，你可以逐渐培养出专注和内心平静的能力。

2. 在日常生活中练习正念

正念除了在特定的时间进行，它可以融入你生活的每一个细节中。比如，在喝咖啡的时候，专注于咖啡的味道，感受手中杯子的温度。吃饭时，放下手机，慢慢咀嚼食物，感受每一口食物带来的味道。

你也可以在散步时进行正念练习。注意脚步与地面的每一次接触，感受风吹在脸上的温柔，聆听周围的各种声音。正念练习并不要求你放弃其他活动，而是教你如何更深入地体验和珍惜每一个当下的时刻。

3. 学会接受自己的情绪

正念的核心在于对情绪的觉察和接纳，而不是逃避。当你感到压力、焦虑或愤怒时，不要试图压抑这些情绪。相反，停下来，深呼吸几次，体会这些情绪在身体中的表现。问问自己："我现在的感受是什么？这些情绪从哪里来？"

通过这种方式，你可以更加清晰地认识到情绪的来源，并学习如何与这些情绪共处，而不是被它们所控制。记住，情绪是短暂的，接受它们并观察它们的变化，你会发现自己的内心会逐渐变得平静。

4. 给自己留出正念的时间

每天为自己安排一点时间进行正念练习。你可以选择一天中的任何时候，找到一个安静的地方，坐下或躺下，专注于呼吸或身体的感受。这段时间不必太长，10～15分钟即可，这将是你与自己相处的宝贵时光。

在这段时间里，放下所有的烦恼和计划，只专注于当下的体验。这不仅能帮助你放松，还能增强你的专注力和内心平静感。坚持一段时间后，你会发现正念练习逐渐成了你生活的一部分，它能帮助你更好地应对生活中的挑战。

5. 记录你的正念之旅

正念练习的一个有益补充是坚持写正念日记。每天花几分钟时间，记录你当天的感受、情绪波动以及正念练习的体会。通过这种方式，你可以更加系统、直观地看到自己的情绪变化，并追踪正念对你生活的积极影响。

在日记中，你可以记录每一次的正念练习过程，记下你发现的每一个小确幸，以及这些体验是如何一点点改善了你的心态和生活的。这不

仅能帮助你保持正念的习惯，还能让你更深刻地理解和感受正念带来的改变。

总之，开启正念之旅并不需要太多的准备或复杂的计划。它是一种简单而深刻的生活方式，能够帮助我们更好地与自己相处，提升生活质量。通过专注于当下的每一个瞬间，我们可以发现内心的平静与幸福。让我们从今天开始，踏上这段正念之旅，享受生活的每一个美好时刻。

第二章

正念觉醒，
管理
你的情绪

情绪是我们不可忽视的内在力量，它既能激励我们前行，也能在不经意间将我们推向失控的边缘。在这一部分，我将引导你通过正念觉醒，更好地管理和理解自己的情绪。你将学会如何察觉和接纳情绪，而不是被它们所牵制。

情绪感知：关注自己的真实感受

　　情绪感知是一种正念的实践，它帮助我们学会与自己的情绪建立联系，深入了解内心的真实感受。所谓情绪感知，顾名思义，就是对自己的情绪状态保持一种清醒和开放的意识。这种意识不仅仅是知道自己在生气、焦虑或悲伤，而是深入到这些情绪的核心，去理解它们的来源、它们在身体上产生的反应，以及它们对我们行为的影响。通过情绪感知，我们能够更好地理解自己的内在需求，并学会如何更健康地应对情绪。

　　情绪感知或觉察不是试图改变情绪或应激反应，而是接纳情绪并与情绪共处。它是一种自我关怀的方式，让我们能够在情绪波动时保持情

绪感知和理性思考。当我们能够准确地识别和命名自己的情绪时，我们就拥有了对情绪的掌控权，而不再被情绪所控制。

　　小王是一位年轻的职员，最近因为工作上的压力，情绪变得异常敏感。一天，他在公司里与一位同事差点发生了冲突，这位同事在会议中无意间打断了他的发言，并且质疑了他的观点。小王瞬间感到一股愤怒涌上心头，顿时脸颊发烫，心跳加速，差点按捺不住要在会议上与同事争辩。

　　然而，就在愤怒马上爆发的时候，他突然意识到了自己情绪的剧烈变化。于是，他马上让自己的愤怒停下来，做深呼吸，没有立刻做出反应，而是进行短暂的情绪觉察。他在内心默默地问自己："我为什么会这么生气？是因为同事的质疑，还是因为最近的压力让我对任何批评都特别敏感？"

　　通过这一刻的冷静反思，小王意识到，这种愤怒不仅是因为同事的质疑，更是因为他对自己近期表现的不满，以及对未来工作的焦虑，这次愤怒的背后隐藏着的是过去几天积累的压力和不安，而不仅仅是因为同事的反驳。

　　有了这样的觉察，小王感到情绪逐渐平复了。他选择不在会议上与同事争论，而是会后冷静地与对方沟通，解释了自己的观点，并且在这次交流中，双方都更好地理解了彼此的想法。通过情绪觉察，小王不仅避免了一场冲突，还学会了如何更健康地管理自己的情绪，找到解决问题的更好方式。

就像小王所经历的那样，当你感到愤怒时，要通过情绪感知去理解情绪背后的根源。你可以停下来问自己："我为什么感到愤怒？这种愤怒是来自当前的状况，还是来自过去累积的情绪？"这种深入的思考不仅有助于你理解情绪的来源，还能帮助你找到更有效的处理方式。

如何提高自己的情绪感知力呢？你可以每天抽出几分钟的时间，专注于自己的内心感受。首先，找到一个安静的地方，闭上眼睛，开始深呼吸，然后，逐渐把注意力转向内在，感受自己此刻的情绪状态，询问自己："我现在感觉如何？情绪从何而来？它对我的身体和思维产生了什么样的影响？"

通过定期进行这种情绪感知的练习，你会发现自己对情绪的感知力变得越来越敏锐。你能更快地察觉情绪的出现，这有助于你更好地管理它们，而不是让它们主导你。情绪感知不仅可以提升你的情绪智能，还能增强你的心理承受能力，使你在面对生活的各种挑战时更加从容不迫。

发现自己隐秘的情绪

在日常生活中，我们的情绪往往是复杂且多层次的。有些情绪非常明显，例如愤怒、喜悦或悲伤，但也有一些情绪则隐藏在我们的意识之下，难以被察觉。这些隐秘的情绪可能是我们内心深处未曾解决的矛盾、未表达的需求或是长期应激下积累的感受。

隐秘情绪通常是我们在日常生活中未曾感知的感受。它们可能来自过去的经历、持续未满足的需求、长期积累的压力，或者是我们对某些人或事物的潜在反应。

例如，在夫妻、伙伴之间可能表现出的是和谐与亲密，但在内心深处，隐藏着不满、委屈或对关系未来的担忧。这些情绪往往未被激发，甚至未曾被真正意识到，但它们会悄然地影响彼此之间的互动和情感联系。

晓楠和她的丈夫陈锋结婚多年，在外人看来，他们是一对幸福的夫妻。晓楠经常和朋友们谈论她的家庭生活，描述她和丈夫之间的默契和亲密。然而，最近晓楠开始感到莫名的情绪波动，尤其是在与丈夫沟通时，她常常会感到一种隐隐的不安和不满，却又说不出具体的原因。

　　比如有一次，晓楠和丈夫因为一件小事发生了争执。在争吵中，晓楠突然爆发了一种强烈的情绪，她指责丈夫不够关心自己，总是忽视她的感受。陈锋感到非常意外，他一直觉得自己对晓楠关怀备至，不明白她为什么会有这样的感受。

　　事后，晓楠感觉自己对丈夫的责备有些过激，她内心充满了矛盾和困惑。通过一段时间的情绪觉察，她开始意识到，这次爆发并不是因为眼前的小事，而是因为内心深处的一种长期潜藏的情感在暗示：她觉得丈夫在某些方面缺乏对她的理解和支持，然而，这些感受一直被她压抑在心底从未表达。

晓楠明白了，自己内心的不满并不是突然产生的，而是在多年的婚姻生活中逐渐积累的。这种隐秘的情绪让她感到不安，最终在一次小冲突中爆发了。通过情绪感知，晓楠终于能够正视这些感受，并开始与丈夫坦诚沟通，向他表达自己真实的想法和需求。

要揭开这些隐秘情绪的面纱，首先需要我们对自己的情绪保持一种开放和诚实的态度。不要因为情绪的出现而感到羞愧或不安，而是把它们当作内心的信号，提醒我们关注自己内心需求和未解决的问题。

与此同时，通过正念的练习，你可以开始问自己一些深入的问题，比如："我真的感觉很好吗？这种情绪从何而来？它与我过去的经历有什么联系吗？"

晓楠通过这些自我询问，逐渐发现她内心的不满源于婚姻中的一些未得到满足的情感需求。这些需求可能包括更深层次的情感交流、更多的理解和支持，或者是更积极的情感回应。尽管她过去一直试图忽略这些感受，但它们却始终存在，并悄然影响着她与丈夫的关系。

当然，发现隐秘情绪只是第一步，接纳这些情绪并找到应对之道，才是让内心真正平静的关键。

不再被情绪牵着走

在生活中，情绪常常像潮水一样，时而平静，时而汹潮涌动。如果我们任由情绪主宰自己的行为，就会发现自己仿佛被牵着走，无法真正掌控自己的生活。然而，通过正念和情绪觉察，我们可以学会更好的管理自己的情绪，与情绪和谐共处，从而做出更理性、更有益的决定。

无论是快乐、愤怒、悲伤还是恐惧，情绪都是我们与外界互动的方式。然而，当我们被情绪控制时，有可能会在不知不觉中做出一些不理智的决定或冲动的行动。

例如，当你在家辅导孩子功课时，如果孩子不配合或是孩子总出错，你的情绪可能会越来越糟糕，甚至会突然对孩子发火，说出辱骂孩子的话，让孩子受到压力并感到恐惧。这样的结果不仅没有达到帮助孩子提高学习的目的，反而会破坏你和孩子的亲子关系。

如果你发现自己的情绪在逐渐变得激动，及时按下"暂停键"，深呼吸几次，通过正念觉察自己的感受，这样可以帮助自己平静下来，防止情绪进一步失控。这样，你就能以更耐心的态度指导孩子，让学习过程变得轻松愉快，效果应该更好。

错误的情绪会导致错误的行为，错误的行为会产生错误的结果。那么，我们如何不被自己错误的情绪牵着走呢？

1. 情绪感知

当情绪出现时，首先要意识到它的存在。不要急于做出反应，而是先问自己两个问题：我现在感受到了什么样的情绪？它来自哪里？

2. 暂停与呼吸

一旦你意识到情绪的出现，试着暂停一下，深呼吸几次。深呼吸可以帮助你平复情绪，让你有时间去思考下一步行动。

3. 分离情绪与反应

有情绪是自然的，但你可以选择如何回应。不要急于行动，而是通过正念练习，将情绪与你的反应分开。问问自己：我的反应会带来什么结果？这样做是否能得到更好的结果？有没有更好的方法来应对这件事？

4. 做出理性的选择

当你不再被情绪左右时，你就能做出更理性的选择，而不受情绪的影响。你会发现，生活中很多矛盾和冲突，实际上并没有你最初想象的那么严重。通过冷静和理性的思考，你能够找到更有效的解决方案。

庄静是一名销售经理，最近她在处理一个大客户的投诉时，感到非常失望。客户的不满让她感到愤怒和无能为力，她几乎忍不住想要立即回复一封言辞强硬的邮件。不过，庄静很快意识到自己正处于情绪风暴

之中，于是决定先暂停，深呼吸几次，让自己平静下来。

　　庄静没有被愤怒牵着走，而是选择先了解客户的真正需求，并从对方的角度去思考问题。等到冷静下来，她给客户回复了一封富有同理心的邮件，她的这一举动不仅成功化解了客户的抱怨，还进一步巩固了与客户的关系。这次经历也让她深刻地体会到，不被情绪牵着走的重要性。

　　不再被情绪牵着走，是一种需要练习的能力。通过正念和情绪感知，我们可以学会与情绪共处，而不是被它们所控制。在这个过程中，你会发现自己能够更平静地应对生活中的各种挑战，做出更理性、更睿智的决定。

生活要用心，但不要多心

在我们追求用心生活的过程中，多心常常成为我们最大的敌人。用心意味着关注生活中那些能够提升幸福感的细节，而多心则是对琐事和细微变化过度敏感，导致情绪的波动和内心的不安。

用心生活体现出一种专注于当下、注重内在感受的智慧，它能让我们发现生活中的美好和满足。相比之下，多心则是对生活中的小事过度关注，甚至对他人的无心之言、生活中的微小不如意都异常敏感。多心的人往往把简单的问题复杂化，进行不必要的过度思考，最终让自己陷入负面情绪的漩涡中。

雨菲进入职场已经有两年了，她能力不错，对待工作也很认真，但她也有一个困扰自己的问题：过于敏感和多心。

在工作中，每当领导对团队提出改进建议或批评时，雨菲总是敏感地认为这些话是在暗指自己。比如，有一次领导在会议上提到"需要更多关注细节"时，她立刻紧张起来，认为这是领导在批评她最近在报告中的小失误。这种过度的敏感让她在工作中变得小心翼翼，甚至开始反复检查自己的工作，生怕被别人批评。她因为害怕犯错而不敢主动承担新的任务，这使得她的工作效率下降，心情也变得越来越焦虑。

不仅在工作中，生活中的雨菲也常常因为敏感而感到不安。她时常会误解家人和朋友的言行，比如，当朋友无意中提到某个没有邀请她参加的聚会时，她立刻觉得自己被排斥在外，心里充满了委屈和不满。还有一次，邻居阿姨在电梯里礼貌地问她"感觉好久没看见你，好像瘦了？"这本是一句简单的问候，但雨菲觉得对方是在打探她的私生活，这种解读让她内心的敏感进一步加剧，让她变得更加封闭。

敏感的雨菲发现自己在工作和生活中的压力越来越大，她甚至因为担心别人的看法而彻夜难眠，身体和心理都受到了极大的影响。她也意识到自己的多心不仅让自己不快乐，也影响了与他人的关系。

从雨菲的经历我们不难发现，多心和敏感是如何在生活和工作中带给我们不必要的压力和焦虑的。这些负面的情绪往往源于对他人言行的过度解读以及对自己设定的过高标准和期望。当我们过于关注他人的看法，甚至在无意中曲解了别人的意图时，就容易让自己陷入一场无休止的情绪消耗战中。

当我们被多心牵制，情绪如同失控的风筝，随风飘荡，无法安定。我们变得容易激动，容易受伤，甚至可能因为一件小事而产生自我怀疑和自责。这种情绪波动，不仅让我们身心俱疲，也让生活失去了本该有的宁静与平衡。

我们应该用心生活而不是多心。当你发现自己在为琐事多心时，不妨先停下来，深呼吸几次，将注意力拉回到此时此刻。借助正念的力量，专注于当下的感受，而不要让自己陷入对未来的担忧或对过去的反思中。通过正念和自我关怀，培养对自己和他人的宽容态度，减少对外界刺激的过度反应。

同时，你应该学会区分真正重要的事情和无关紧要的小事，用心关注那些能为你带来真实价值的事情，而不是把精力浪费在无关紧要的细节上。此外，要学会区分事情的主次，专注当下，放下无谓的执念，让自己的内心在喧嚣的世界中保持一份宁静与从容。

让你的情绪变得有价值

情绪是我们与外界互动的桥梁，它们反映了我们的内在需求、价值观和思维习惯。但如果我们不能正确理解和处理它们，它们会变得毫无意义，甚至有害。

无价值的情绪往往来源于对某些事情的过度反应或对细节的过分关注。我们可能会因为一些微不足道的事情而感到愤怒、焦虑或悲伤，却没有意识到这些情绪实际上并没有帮助我们解决问题，反而让我们陷入更深的困境。

　　想象一下，你在工作中因为一个小错误而感到极度焦虑，或者因为朋友无意间的一句话而耿耿于怀，这些情绪并没有为你带来任何积极的结果，反而让你陷入无休止的烦恼和自我怀疑中。这些情绪不仅耗费了你的精力，还可能破坏你的人际关系和生活质量。

　　但在另一方面，如果我们懂得理解和正确处理情绪，也可以让它们变得有价值起来。无论是愤怒、悲伤还是快乐，这些情绪都在提醒我们关注内心最真实的感受。比如，当你感到愤怒时，它可能在告诉你某种边界被侵犯了，或是某些需求未得到满足。

　　识别情绪的根源，可以帮助我们更清楚地理解自己内心的真实需求，从而采取积极的行动去满足这些需求。下面这位父亲的转变，就在于他真正识别到了情绪产生的深层次原因。

　　刘凯是一位年轻的父亲。最近，他发现自己对孩子的学习表现越来越不满意。每当孩子的作业没有达到他的期望时，刘凯都会产生一种无法抑制的愤怒，甚至忍不住要严厉地批评孩子。然而，通过一段时间的情绪觉察，刘凯意识到，他的愤怒并不完全源于孩子的表现，而更多是因为他在生活中自身受到的巨大压力和对未来的不确定性。当他看到孩子的学习有问题时，这些隐藏的焦虑便通过愤怒表现出来，孩子的学业表现无意中成为他发泄情绪的借口。

　　　　　　　　　　　正念觉醒：别让你的情绪毫无价值

　　当刘凯找到自己情绪波动的深层次原因后，他不再对孩子发火，开始主动与孩子沟通，了解孩子在学习中的实际困难，同时也和爱人坦诚分享自己对未来的担忧。通过这种更深入的交流，刘凯不仅改善了与孩子的关系，还学会了更健康地处理自己的情绪。这种转变也让孩子感受到了父亲的关爱和支持，学习动力因此得到显著增强。

　　通过正念和情绪觉察，可以帮助我们在负面情绪出现时暂停片刻，以此去深入理解情绪背后的原因，然后做出更理性、更有价值的选择。不良情绪将不再会带动你做出杂乱无章的反应，而是会变成帮助我们做出明智决策的推动力。

你应该明白，情绪本身并不是终点，而是一个信号，也是引导我们走向自我理解和成长的工具。情绪本质上是我们内在世界的一部分，让情绪变得有价值，不是要消除它们，而是要理解和利用它们。

通过正念和情绪管理，我们可以将负面情绪转化为积极的动力。例如，焦虑可以转化为行动的推动力，帮助我们更好地应对挑战；悲伤可以成为反思生活的契机，促使我们更加珍惜现在拥有的一切。情绪的价值在于它们推动我们去行动，去改变，去成长。

及时让你的情绪扭转方向

在纷繁复杂的世界中，我们时常被各种情绪所困扰，迷茫、失落、愤怒、厌恨等情绪会不期而至，而这些情绪若不加以控制，最终可能会让我们付出沉重的代价。要真正掌控生活，我们要学会及时扭转情绪，成为自己情绪的主人。

想象一下，在繁忙的交通路口，一位不耐烦的司机因交通堵塞而愤怒不已，不断按喇叭、咒骂。这种情绪的爆发不仅无助于解决问题，还可能引发更严重的后果。这时，如果他能像交警指挥交通那样，冷静地指挥自己的情绪，让它们有序转向，该停的停，该转的转，愤怒很快就会得到控制。

很多时候，我们内心的情绪如同交通，如果任其杂乱无章地爆发，只会让我们更心烦意乱、焦头烂额。察觉到自己的情绪变化，及时做出调整，可以让我们在兴奋时避免冲动，低落时走出阴霾，从而更加成熟

地面对生活中的起伏。说到这一点，下面这个故事或许能够带给你一定的启发。

在 20 世纪，一位作家在旅行时遇到了一场劫难。这次旅行本该是他放松心情、寻找灵感的机会，却遭遇了一场突如其来的抢劫。在西部的荒野中，他遇到了几名劫匪，不仅所有的财物被洗劫一空，还被狠狠地打了一顿，甚至连他珍贵的手稿也被撕碎。

他站在空无一人的荒野上，心情跌入谷底，感到极度绝望和无助。他深深吸了一口气，开始审视这次挫折。他问自己："我是不是太倒霉了？我现在唯一可以做的是什么？"他反复思考这些问题，情绪越来越糟糕。

他感到自己被命运狠狠地捉弄了，情绪一度濒临崩溃，但过了一会，他内心深处产生出一些不同的想法，他忽然想道："强盗只是抢走了我的钱，但没有危及我的生命，其实我还是很幸运的！更何况，强盗们只是抢走了我身上的钱而已，并没有抢走我所有的财产，而那些钱

正念觉醒：别让你的情绪毫无价值

我也还有机会挣回来。"想到这里，他甚至对劫匪产生了一丝同情，认为他们或许是因为一时无知或贫穷才走上了这条路。于是，他决定原谅他们，放下心中的怨恨。

这一刻，他让自己的情绪转向了，选择从积极的角度看待这次经历。他对自己说："或许，这场劫难是对我意志的一次考验，它会成为我人生中的一个特别故事。我要用这次经历作为创作的素材，把它写进我的作品中，一定很精彩。"

随着思维的转变，作家的心情逐渐平复下来。他感到内心的力量在重新集结，脚步也变得轻盈了许多。他继续向目的地前行，带着一种全新的视角和更加坚定的决心。最终，这次看似不幸的经历成为他创作生涯中一段宝贵的灵感源泉。

不得不说，这位作家还真是一位情绪转换的高手。在面对不可改变的事实时，他没有纠结于事件本身所造成的影响，而是转变了自己的想法，让自己十分优雅地离开了负面情绪，继续自己的旅行。

生活如同一场旅行，一路上会收获幸福和快乐，也可能遇到挫折和挑战。我们可能无法改变既定的事实，但我们可以调整自己对事实的应对态度，转变和控制自己的情绪。让我们在面对困难时，既不逃避，也不抗拒，而是冷静地接纳现实，以积极的态度化解内心的负面情绪，实现真正的情绪解放，成为生活的主宰者。

第三章

从焦虑和
压力中
解脱出来

焦虑和压力几乎是每个人都会面对的情绪困扰，它们像无形的枷锁，将我们紧紧束缚，使我们无法完全享受生活的美好。通过理解内心的不安与抗拒，你将学会如何平静地面对生活中的不确定性，减少对外界的过度反应，最终摆脱焦虑与压力的困扰。

为什么你经常不快乐？

在日常生活中，我们常常感到不快乐。细细思考，这种不快乐的根源是什么？事实上，很多时候，我们的不快乐并不是因为我们遭遇了不幸，而是自己的内心无法与当下的现实和平共处。

我们希望很多事情能够如自己所愿，甚至期待它们和当前的情境完全不同。例如，看到某个吸引我们或让我们感到愉快的事物时，我们的内心往往难以平静。你会被这个新的事物吸引，想要接近它，甚至希望拥有它，并完全按照自己的意愿去支配它。

此时，你会"执着"于这种不安的情绪，实际上，这是一种强烈的占有欲和支配欲。当我们执着于某种事物，在未将其完全掌控之前，心里会产生一种不满足感。正是这种内在的不满足感，使我们的内心变得不安和不快乐。

举个例子，假设你刚刚换了一部新手机，满心期待着它会给你带来更好的使用体验。然而，在使用过程中，你发现这款手机的某些功能并不像你想象的那样完美，你的内心就会产生不满足感。你可能会执着于这款手机的某些缺点，甚至因为这个小问题而感到沮丧和烦躁。这种执着让你忽略了手机的其他优点，从而使你感到不快乐。

另一方面，如果我们遇到不愉快的事物，内心本能地会想远离它，尽量避免与它接触，与"执着"相对，这种内心状态被称为"抗拒"。

我们抗拒的时间越长，内心的焦虑感也随之增加，甚至可能引发愤怒。这种心理抗拒的状态，也可以理解为人们常说的压力。当我们感到压力时，几乎总是在抗拒，无论是人、物还是环境。

正念觉醒：别让你的情绪毫无价值

　　想象这样一个场景，你在工作中遇到了一个让你感到不安的同事。这个同事可能会在会议上打断你，或者对你的想法总是持有不同的意见，甚至让你感觉他是在有意无意地为难你。每当你遇到他时，内心会产生强烈的抗拒感，甚至希望他最好从你的世界里消失。

　　随着这种抗拒感的积累，你可能会产生越来越多的压力，甚至在每次与他共事时都会感到焦虑和愤怒。这种抗拒心态让你无法专注于工作的本质，反而因为对这个人的抗拒而让自己陷入不快乐的情绪中。

　　需要强调的是，这并不意味着我们不应该抵抗那些让我们痛苦的事物，而是要认识到，不快乐和压力的根本原因并不完全依赖于人、物或环境本身。现实情况是，面对同一种事物时，每个人感受是不同的。因此，真正让我们感到不安的，其实是我们自己内心不断活动的思绪。

　　我们的内心就像钟摆一样，在"想要得到"和"想要逃避"之间徘徊不定。只要在这些想法之间徘徊，内心就会始终处于一种不满足的状

048　　　　　　　　　　正念觉醒：别让你的情绪毫无价值

态。这样的心态通常会导致紧张的情绪，让你无法放松。

如果我们不能觉察到习惯性的思维模式，内心就会继续在各种事物之间跳跃，总是将内在的不确定感归于外部环境。这种心态还会要求周围的一切按照自己的喜好改变，并认为改变不仅是更好的选择，甚至是唯一正确的选择。

让内心平静的方法

现在，如何让我们内心达到平静，而不是不断地陷入执着与抗拒的旋涡呢？有哪些方法可以帮助我们调节情绪，使内心变得平和？

第一个最常见的方法就是"感恩"。当我们心存感激的时候，通常不会去想着自己还没有得到什么，或者还能拥有什么。这减少了内心对其他事物的执着。同时，感恩也是心态开放和接纳的源泉，有了它，对外界人和事物的抗拒也会因此而解除。

小莫最近因为工作上的压力感到焦虑不安，总是想着自己还没有完成的任务和未达到的目标。一天晚上，她决定尝试感恩练习。她静下心来，列出当天值得感激的三件事：家人的健康、朋友的关心，以及晚上的一顿美味晚餐。

在细细品味这些美好事情的过程中，小莫发现自己的焦虑感渐渐消散，内心变得平静。她不再执着于那些尚未实现的目标，而是开始享受当下，感受心中的满足。通过感恩，小莫学会了如何在压力中找到平和，减少对未来的执着和抗拒。

　　当我们为自己所拥有的一切而心存感激时，内心会变得平静，负面情绪会减少甚至消失。要培养感恩之心，我们可以每天整理出三到五件值得感激的事情，记录下来，并供自己反复体会，或者与一个"感恩伙伴"分享这些感恩的点滴。我们还可以在家里摆放一个美丽的小物件，每次看到它的时候，都寻找一个值得感激的理由，以此提醒自己保持感恩的心态。

　　另一种方法是学会"欢迎"不愉快的经历。情绪状态是我们对当前立场的反应，而不是立场本身。如果我们能够从抵抗转向欢迎，就可以减少不快乐。不要认为那些不舒服的情景不应该存在，而应将它们视为日常生活的一部分。这样，当它们出现时，我们就不会感到惊讶或不满。

　　雨琳是一位全职妈妈，她对孩子的成长充满了期待，但孩子的各种调皮和反复无常让她感到烦恼和不安。每当孩子弄得家里一团糟或者在公共场合乱发脾气时，雨琳总是感到失望和沮丧，认为自己无法控制这些"不应存在"的问题。

　　慢慢地，她意识到，她烦恼的这些问题其实是孩子成长过程中不可避免的。她开始试着不再抵抗这些不愉快，而是学会接纳它们。她告诉自己："这是孩子成长的必经之路。"当她不再抗拒这些日常的挑战，而是把它们视为育儿过程中的自然现象时，雨琳的心态发生了转变。她发现自己不再会因为这些小事而感到愤怒或失望，而是能从容地面对和处

理孩子的这些问题了。

通过接纳这些问题，雨琳的压力不仅减少了，也在孩子的成长中找到了更多的乐趣和成就感。她明白，孩子的成长总是伴随着挑战，而她的角色就是陪伴和引导，而不是控制。

接受不愉快的事物并不是一种消极的表现，相反，这更是一种积极的转变。你可以在早晨刷牙或洗脸时，花一分钟对自己说："不愉快的感受，来吧！我会欣然接受你。"这种练习能够帮助我们在遇到困难时，保持平静和接纳的心态。记住，情绪的波动是生活的一部分，接纳它们，而不是抗拒，能让我们在逆境中找到力量。

最后，你还应该理解，不快乐和痛苦往往是我们成长的催化剂。正如 13 世纪的波斯诗人哲拉鲁丁·鲁米所说："伤口是光进入你的地方。"痛苦中蕴藏着深刻的智慧，逃避它们不如仔细体会其中的教益。

通过这些方法，我们可以逐渐培养内心的平静，减少不快乐的感受，从而获得更多内心的快乐和满足。学会调节情绪，学会接纳不完美，最终我们会发现，幸福原来一直在我们心中。

生活总是有很多的不确定性

工作的压力、环境的变化、人际关系的复杂……相信很多朋友会因为这些不确定的因素而变得焦虑起来。可是，你知道吗？生活中的不确定性，正是我们希望的来源。这是著名心理学家阿德勒所说的一句话。

阿尔弗雷德·阿德勒出生于 1870 年的维也纳，一个充满文化和艺术的城市。然而，他的童年并不像他的家乡那般充满光彩。他年幼时患上了严重的佝偻病，这让他饱受疾病的折磨，并导致他身体瘦弱，无法像其他孩子那样奔跑和玩耍。他的童年充满了不确定性，常常被病痛和自卑感所困扰。

阿德勒的家庭并不富裕，他的父亲是一名谷物商人，母亲则是全职的家庭主妇。尽管家庭条件有限，但是他的父母仍然不遗余力地送他去

学校读书。阿德勒小时候在学校里常常因为身体的原因遭到嘲笑，这使他一度陷入了深深的自卑。然而，他没有让这些挫折击倒自己，而是选择迎接挑战，努力改变自己的命运。

一次在课堂上，老师讲述达尔文的进化论和生物适应环境的故事。阿德勒深受启发，他意识到即使身体有缺陷，也可以通过努力和智慧来适应环境，找到自己的生存之道。从那时起，他立志要成为一名医生，帮助像他一样遭受病痛折磨的人们。

进入大学后，阿德勒遇到了许多新的挑战。医学课程繁重，竞争激烈，许多时候他都感到力不从心。然而，他始终保持着正念，专注于当下的学习和实践。他常常在图书馆里度过夜晚，阅读大量医学书籍和文献，深入研究各种疾病的病因和治疗方法。他相信，只要坚持不懈，终有一天能够实现自己的目标。

在大学期间，阿德勒还接触到了心理学，特别是弗洛伊德的精神分析学说。虽然他对弗洛伊德的某些观点持保留态度，但他深深意识到心理学对理解和治疗疾病的重要性。于是，他决定将医学与心理学结合，探索一种全新的治疗方法。

毕业后，阿德勒成为一名医生，他在维也纳开设了自己的诊所。在临床实践中，他发现许多病人的身体疾病其实与心理状态密切相关。于是，他开始研究如何通过改善心理状态来治疗身体疾病。在这些研究过程中，他逐渐形成了自己的心理学理论，强调个体心理与社会环境的互动关系。

阿德勒的理论逐渐受到关注，但也遭遇了不少质疑和反对。然而，他始终保持正念，专注于自己的研究和实践。他相信，尽管世界充满不

确定性，但只要坚持自己的信念和目标，终会找到解决问题的办法。他常对自己说："正是在这些不确定中，我们才能发现新的希望和方向。"

一次，一个患有严重抑郁症的病人来到阿德勒的诊所。这位病人失去了工作，家庭也濒临破裂，未来充满了不确定性，每日生活在绝望中。阿德勒耐心倾听了他的故事，帮助他分析问题的根源，并引导他用积极的心态面对生活的挑战。经过几个月的治疗，这位病人的病情逐渐好转，他重新找回了生活的信心和希望。

阿德勒的成功不仅在于他个人的努力和智慧，更在于他始终保持正念，专注于当下的每一个病人，每一个研究课题。阿德勒的经历也告诉我们，即使面对生活中的各种不确定性，我们也应保持正念，专注于当下的努力和实践。正是在这些不确定中，我们才能发现新的机会和可能，找到属于自己的方向和希望。

　　生活就像一场足球比赛，吸引了无数球迷的目光。正是因为它的不确定性，不到最后一刻谁也无法确定比赛的结果。正如在生活中，我们

正念觉醒：别让你的情绪毫无价值

无法预见未来的每一个瞬间，正是这种未知也让我们充满期待。

反过来说，如果生活是确定的，那么我们将无法看到任何新的可能性。这种情况下，没有人会愿意去奋斗，更没有人去寻找希望，因为一切都是无法改变的。然而，正因为生活中充满了不确定性，我们才有了努力和拼搏的动力，这正是希望的源泉。

你无须对每件事都有反应

生活中，我们会遇到无数的事件和情境，这些事件往往会引发我们的情绪波动和心理反应。有时，我们会感到焦虑、愤怒或无助，似乎每一个挑战都在测试我们的极限。而你需要知道的是，过度反应不仅会消耗我们的精力，还会增加我们的焦虑和压力。

比如，在生活中，你可能在一段时间内，密集接收到来自家庭、社会等很多方面的信息，这些信息中有一些是有价值的、积极的，但有很多是没有意义的，甚至是负面的，让你产生出焦虑和急躁的情绪。

你会注意到，自己对这些信息的反应，干扰了你的注意力，并且破坏了你原本平和的心态，它们让你抓狂、烦躁甚至生气发火。怎么办呢？

我的建议是，你应该学会选择性地反应，这是一种重要的心理技能。你需要明白的是，并不是每件事都需要我们的关注和回应。生活中，的确是这样。

陈茹是我的一位朋友，她是一位35岁的职业女性，在一家大型广

告公司担任项目经理。她的生活充满了各种挑战和不确定性。陈茹是一个热心肠的人，对身边的每一件事都有强烈的反应，不论是同事间的小矛盾，还是家里的琐事，甚至是社交媒体上的负面新闻，她都会积极回应。这种习惯让她的生活变得越来越混乱和紧张。

陈茹向我倾诉了她的烦恼和困境。我告诉她，生活中的不确定性是无法避免的，但我们可以选择如何回应这些不确定性。过度反应不仅会消耗我们的精力，还会增加我们的焦虑和压力。关键在于学会选择性地反应，专注于那些真正重要的事情。

我向陈茹介绍了正念练习，建议她每天花一些时间进行正念冥想和深呼吸练习。我告诉她，当她感到情绪波动时，可以问问自己："这件事真的值得我花费这么多精力去关注吗？"如果答案是否定的，那么试着让它过去，专注于那些真正重要的事情。

陈茹决定尝试我的方法。她每天早晨早起十分钟，进行正念冥想。她学会了关注自己的呼吸，感受身体的每一个细微变化，逐渐学会清除心中的杂念。每当她感到情绪波动时，就会停下来，问自己这件事是否真的值得她花费精力做出反应。她开始选择性地过滤信息，只专注那些对她真正重要的事情。

几周后，陈茹发现自己的生活发生了显著的变化。她不再对每一件小事都做出强烈反应，学会了在情绪波动时保持冷静。她开始更加专注于工作中的重点项目，从而显著提高了工作效率。同事们也注意到她的情绪稳定了很多，因此她也越来越受到同事尊重。

在家庭中，陈茹学会了用更加平和的心态处理孩子和丈夫的问题。她不再对每一个小争执都感到愤怒，而是用心倾听家人的需求和感受。孩子也感受到了母亲的变化，更愿意和她沟通，因此家庭氛围变得和谐很多。

通过正念练习，陈茹学会了如何在不确定的世界中找到内心的平静和力量。她不再被无关紧要的事情所困扰，而是专注于那些对她真正重要的事情，比如自己的事业，孩子的成长以及自己和爱人之间的关系。

在面对生活中的各种信息和事件时，我们不需要对每件事都做出反应。通过正念练习，我们可以学会选择性地反应，专注于那些真正重要的事情，找到内心的平静和力量，迎接每一个新的挑战。

越追求完美，越焦虑

或许是因为社会对成功的定义日益严苛，或许是因为我们对自己的期望越来越高，不知不觉中，许多人都被完美主义所束缚。然而，完美主义并非一种追求卓越的美德，更多的时候，它是一个看不见的牢笼，将我们与真正的幸福隔离开来。

　　完美主义者总是渴望在生活的每个方面都达到极致，这样的心态似乎很有道理，毕竟谁不想把事情做到最好呢。然而，问题在于，完美主义者往往将"完美"视为一种衡量自我价值的标准。他们不允许自己犯错，也无法接受任何不足之处。每一次微小的失误，都会在他们心中掀起巨浪，给他们带来深深的挫败感，并让他们陷入自我怀疑之中。

小刘是一位年轻的设计师，她对自己的工作要求极高，每一个项目都力求完美。每次提交设计稿前，她都会反复检查，甚至连一个像素的偏差都无法容忍。她常常因为一张海报的配色问题熬夜到凌晨，直到自己完全满意为止。然而，即使这样，她仍然感到不安，总担心自己的作品不够好。

小刘的焦虑感日益加剧，她感到工作变得沉重不堪，精力也日益枯竭。渐渐她发现，自己为追求完美已经牺牲了健康、快乐和社交生活。

一番自我反思后，小刘意识到，过度追求完美并不等同于成功。于是，她开始尝试放下对完美的执念，认识到"足够好"同样是一种进步。她学会了设定合理的标准，允许自己在完成任务的过程中犯错，并从中吸取教训。

就像小刘所经历的那样，追求完美的过程，常常伴随着极大的压力和焦虑。完美主义者总是害怕失败，因为在他们眼中，不完美等同于无能。他们不断设定高标准，却又担心无法达到这些标准，于是陷入了一个无休止的自我否定循环，从而形成很大的心理压力。长此以往，这种压力会引发抑郁、焦虑等问题，损害我们的心理健康。

完美本身是一种幻象。世界上没有任何事物是绝对完美的，每个人、每件事都存在着不完美的地方。这种不完美，正是人生的真实面貌。接受不完美，不仅是对现实的尊重，更是对自己的宽容。

如果说完美主义是人生的陷阱，那么接纳不完美则是解脱的钥匙。接纳不完美并不意味着放弃努力，要认识到，我们的价值并不取决于某些外在的标准，而是来自对自我价值的认可和内心的平和。

接纳不完美，首先要学会宽容自己。我们每个人都会犯错，都会经历失败，这些都是成长的一部分。宽容自己，意味着不再苛责自己的每一次失误，而是从中汲取经验，继续前行。

除了宽容自己以外，我们还要学会接纳他人的不完美。每个人都有自己的优点和缺点，接纳他人的不完美，能够让我们与他人建立更加真实、深厚的关系。因为当我们放下对完美的执念时，才能真正欣赏到他人的独特之处。

在人生的旅途中，不完美才是常态，完美不过是海市蜃楼般的幻影。与其在追求完美的路上疲惫不堪，不如学会欣赏不完美中的美。正如大自然中那些参差不齐的树木、崎岖不平的山路，它们的不完美，才造就了独特的风景。

当你下次因为不完美而倍感焦虑时，试着使用正念的练习，深呼吸一下，问问自己："我在追求什么？我的内心真正渴望的是什么？"或许你会发现，真正的满足感并不来自那些完美的瞬间，而是源自对自己和生活的接纳与理解。

认同自己，善待自己

在我们每个人的内心深处，或许都曾有过这样的声音："我还不够好。"这种怀疑的声音往往在我们最脆弱的时刻悄然浮现，似乎无论我们多么努力，都无法摆脱它的束缚。我们总是觉得自己还不够优秀，还没有达到理想中的状态。这种自我否定的循环，不仅削弱了我们的自信，也让我们在生活中失去了许多本该拥有的快乐与满足。

这种"我不够好"的感觉，往往源于我们对自己的苛求和对外界标准的过度在乎。从小到大，你可能听到过太多的批评，同时承受着来自父母、亲戚、老师和同学对你有所期望的压力。这些外在的声音渐渐内化，成为我们内心的一部分，时刻提醒着我们"还不够好"。

但你需要明白，这种自我否定的念头，往往并不是事实，而是我们对自我歪曲评价的结果。我们将外界的评价和标准当成了衡量自己价值的唯一标尺，看不到自己真正的价值，并忽略了内心真实的需求与感受。

　　如果你经常这样否定自己，你不仅会感到不快乐，而且还会焦虑重重，让自己陷入一种自我否定的恶性循环当中。如何打破这种恶性循环呢？正念的力量可以帮助我们重新认识自己。

　　正念的核心就在于培养对当下的觉察，而不带任何评判。通过正念练习，我们能够更清晰地看见内心的波动，意识到那些"我不够好"的念头只是思绪的流动，而不是事实。

　　当你感到自己不够好时，试着停下来，闭上眼睛，深呼吸几次，专注于当下的感受。问问自己："这个念头从哪里来？它真的代表我的价值吗？"通过这样的自我反思，你会发现，很多时候，这种自我否定的念头只是因为我们过度在意外界的评价，而无法正确地看待自己、肯定自己。

让我们通过下面这个例子来说明这一点。

李云是一位刚刚步入职场的年轻人，他对自己的要求非常高，总是希望在工作中表现出色。然而，每当他遇到挫折或失误时，就会对自己非常苛刻，常常自责甚至陷入情绪低谷。他感到，自己的努力似乎总是达不到心中的标准，这让他越来越疲惫，甚至对未来产生出焦虑。

李云把自己的烦恼告诉了女朋友，女朋友微笑着安慰他，"你对自己太苛刻了，其实你已经非常出色了！"

"真的吗？"李云将信将疑地问。

"当然。没有人能把工作做到绝对的完美，通过咱俩平时的交流，我知道，你完成工作的效率已经很高。如果不是这样，单位有那么多人，你们领导怎么会总把有难度的工作安排给你呢？"

女朋友的话让李云开始反思：的确，虽然自己在工作中会有失误或表现欠佳的时候，但是总体上还是能很好地完成各项任务，领导也会把一些有难度的任务交给自己。李云开始意识到，自己太过于追求完美和成功，已经忽视了对自己的认可和关怀。他决定改变这种状态，学会在工作中接纳自己的不足，同时给予自己更多的鼓励和关爱。

通过这一改变，李云不再像以前那样沉重和焦虑。他学会了认同自己的努力和成果，也学会了在每一次挫折后温柔地对待自己，给自己留出恢复和调整的时间和空间。他的心态因此变得更加平和，工作表现也更加出色。

　　当你学会肯定自己时，你会发现，生活中的许多压力和焦虑都会随之减少。你不再需要依赖外界的认可来证明自己的价值，而是能够从内心找到力量和满足感。

　　肯定自己，并非意味着一味地自我吹捧，而是承认自己的价值，同时以包容的心态接纳自己的不完美。我们每个人都是独一无二的个体，拥有各自独特的优势和不足。正是这些优点和不足的交织，构成了完整的我们。

肯定自己，还意味着活在当下，珍惜每一个当下的瞬间。正念鼓励我们专注于此时此刻，不再为过去的错误而自责，也不再为未来的未知而焦虑。当你学会活在当下，你会发现，内心的平静与满足感会自然而然地涌入心中。

最后，还有一个简单而有效的练习，可以帮助你重新建立对自己的肯定感。每天早晨起床后，花几分钟时间对自己说几句积极的肯定语，例如"我足够好""我值得拥有幸福""我在不断进步"。这些简单的语句，可以逐渐在你的内心深处建立起积极的自我形象，让你在面对挑战时更加自信和从容。

别跟过去"过不去"

在我们每个人的心灵深处，都藏着过去的影子。那些曾经的伤痛、未解的心结，以及无法释怀的遗憾，常常在不经意间涌现，影响着我们对当下生活的感受。或许，你也曾在某个静谧的夜晚，回想过往的经历，情绪如潮水般涌来，让自己的内心波澜不定。然而，无论过去多么沉重，我们都有能力在当下找到疗愈的力量，为自己开启一条通往平静与幸福的道路。

我们过去的一些经历，常常以各种方式影响着当下的生活。有时候，一句无心的话语、一个熟悉的场景，甚至一种熟悉的气味，都可能唤醒我们内心深处的记忆，让我们重新体验到曾经的伤痛。

这种现象并不罕见，因为我们的内心会自动将过去的经历与当下的情境联系起来，试图保护自己不再受到伤害。然而，正是这种机制，往往使我们陷入对过去的执着中，难以真正享受当下的美好。

一位名叫薇薇的网友写信给我讲述了她的经历。

薇薇曾在几年前经历过一段刻骨铭心的恋情，那段感情的结束让她陷入深深的伤痛和自我怀疑中。尽管时间过去了很久，每当她看到某个与前任相关的地方，或者听到一首他们曾经一起听过的歌，那些过往的

情感就像潮水般涌上心头，让她再度陷入痛苦中。

这种未愈的伤痛不仅影响了她的情绪，也对她现在的生活产生了很大的影响。薇薇发现自己很难全心全意地投入新的情感中，总是担心自己会重蹈覆辙，再次受到伤害。她变得小心翼翼，对潜在的恋情缺乏信心，时常怀疑对方的真心。

在我的建议下，薇薇开始学习和实践正念，试图重新审视自己的情感历程。渐渐地，她意识到自己一直在逃避那些未曾处理的痛苦，而这些未解的心结正是她无法迈入新生活的原因。正念的练习帮助她逐步面对这些记忆，让她理解那段感情带来的不仅仅是伤害，还有宝贵的成长。

薇薇开始学会接纳过去的错误和遗憾，不再试图抗拒那些记忆，而是平静地接受它们，看到它们对自己成长的重要作用。她逐渐放下了对过去的执着，开始真正地活在当下。薇薇重新找回了内心的平静，并且勇敢地敞开心扉，迎接新的感情。

如今，薇薇已经能够以全新的视角看待爱情，她不再被过去的阴影所困，而是带着过去经历中收获的智慧，迈向更加充实和幸福的未来。她的经历也给我一个很大的启示：无论过去多么沉重，只要我们愿意面对和接纳它，就能真的去减轻它对当下我们的影响。

学会接纳自己的过去，无论那些经历是多么痛苦或令人遗憾，它们都如同我们生命中的烙印，无法抹去，也无须否认。接纳过去，并不意味着我们要沉溺于往日的伤痛，而是要认识到那些过往已经发生，并让它们成为滋养我们的心灵，促进我们成长的宝贵营养。

通过接纳过去，我们可以放下对过去的执念，不再让那些无法改变的事情束缚我们。当我们能够心平气和地面对自己的过去时，便会发现，曾经的伤痛开始慢慢愈合，我们的心灵也逐渐得到了解脱。

当然，这个过程并非一朝一夕之事，而是一个持续的过程。每当你感到内心的伤痛再次涌上心头，不妨停下来，深吸一口气，告诉自己："那已经过去了，现在是新的开始。"通过这样的自我对话，你可以慢慢

化解内心的痛苦，让自己在每一个新的当下都能以更加开放的心态迎接生活的挑战。

　　人生如同一条蜿蜒的河流，有时波涛汹涌，有时平静如镜。过去的挫折，犹如河流中的暗礁，有时会让我们感到迷茫和痛苦。但只要我们学会在当下找到方向，我们便能继续前行，迎接到达彼岸的阳光。

第四章

按下暂停键，
控制心中
的怒气

愤怒是我们每个人都曾体验过的一种强烈情绪。它可以在瞬间爆发，那一刻，它让我们似乎感到占据了某种道德高地或有利位置。然而，愤怒也是一种代价高昂的情绪，它有可能带来不可逆转的伤害，无论是对他人，还是对我们自己。

真后悔，当时忍住就好了

说起愤怒，这是一种我们都熟悉的情绪。无论是因为生活中的小摩擦，还是因为某些重大冲突，愤怒往往会在我们不经意间爆发出来。然而，尽管愤怒在某些情况下似乎是一种"正当"的情绪反应，但它实际上是一种代价高昂且有害的情绪。

愤怒的瞬间，或许会让我们感到一种短暂的满足感。这种满足感来自我们释放了内心的压抑情绪，通过愤怒"捍卫"了自己的立场。然而，这种情绪的爆发往往伴随着对自己和他人的伤害。

愤怒会使我们失去理性思考的能力。在愤怒的驱使下，我们可能会说出伤人的话，做出过激的行为。这些言行很可能会导致不可挽回的后果，还会破坏我们与他人的关系，对自己和他人造成长期的心理负担。愤怒过后往往带给我们的是后悔和内疚，到那时，损害可能已经无法修复。

刘楠和陈悦是一对相恋多年的情侣，两人的感情一直深厚，共同憧憬着步入婚姻的殿堂。然而，最近刘楠在工作中遭遇了一些挫折，心情变得格外沉重。这天，他拖着疲惫的身体回到家中，看到陈悦没有像往常一样准备好晚餐，这让他的情绪瞬间失控，忍不住对陈悦大声指责起来。陈悦感到非常委屈，自己只是因为一点小事耽误了做饭的时间，没想到却引来刘楠如此大的反应。

这次争吵成了两人关系中的一个转折点，原本亲密无间的感情突然之间变得脆弱和疏离。尽管刘楠后来冷静下来，意识到自己的愤怒并非

因为晚餐的事情，而是因为工作压力的积累所致，但遗憾的是，伤害已经造成。而陈悦则感到心灰意冷，觉得自己再也无法忍受刘楠把外界的压力转嫁到自己身上。

在往后的日子里，两个人的沟通越来越少，误解和怨恨逐渐加深。最终，陈悦做出了结束这段关系的决定，她不愿再在这样的环境中继续忍受下去。陈悦的决定让刘楠感到震惊和不解，尽管他苦苦恳求，但最终还是没能挽回这段感情。直到今天，刘楠还在悔恨自己当时的冲动，他常常感叹："唉，当时要是忍住就好了！。"

在这个世界上，几乎每一天都会发生因为控制不住内心的愤怒情绪，而做出让人后悔的事情。愤怒不仅破坏人与人之间的关系，而且一些科学研究还表明，频繁的愤怒情绪可能会引发心血管疾病，还会导致免疫系统功能下降，长此以往会影响我们的身体健康。

每当我们愤怒时，身体会释放大量的应激激素，这些激素在短期内可以帮助我们应对紧急情况，但从长期来看，却会影响我们的健康，使我们更容易罹患各种疾病。

正念觉醒：别让你的情绪毫无价值

另外，当我们长期处于愤怒的状态中，内心会积累越来越多的负面情绪，这些情绪可能会转化为焦虑、抑郁，甚至导致更严重的心理问题。愤怒还会破坏我们的自我认知。我们可能会因为愤怒而变得更加以自我为中心，认为所有问题都是别人的错，而忽略了自己在其中的责任。长期的愤怒会让我们失去对生活的掌控感，陷入无助与无力的恶性循环。

更糟糕的是，愤怒往往是一个自我强化的过程。当我们愤怒时，我们的大脑会寻找更多的证据来支持这种情绪，从而加深我们的愤怒。久而久之，愤怒会成为一种习惯性的情绪反应，使我们难以体验到生活中的快乐与满足。

及时按下"暂停键"

也许是因为一句刺耳的话，也许是因为受到不公的对待，在那一瞬间，我们感到胸口的怒火在熊熊燃烧，似乎只有通过爆发才能宣泄内心的不满。然而，这把火焰一旦失控，往往会烧毁我们周围的一切——无论是关系、机会，还是我们自己的内心平静。

愤怒，尽管看似有力，实则是一把双刃剑。它能在短暂的时间内让我们感到力量的激增，却也可能在瞬间将我们拖入无法自拔的困境和悔恨中。

当愤怒成为你的常态时，原本亲密的人际关系也会逐渐疏远。你可能会失去朋友、同事的支持，甚至在家庭中感到孤立无援。这种孤立感反过来又会加深你的愤怒情绪，形成恶性循环，使你陷入越来越深的孤独和不满中。

　　好消息是，尽管愤怒是一种代价高昂的情绪，但它并非无法控制。就像一只脾气暴躁的野兽，只要你掌握了如何驯服它的方法，就会让它变得温顺听话。那么，我们该如何驯服心中的这只野兽呢？

　　在愤怒即将爆发的瞬间，我们的大脑往往处于高度紧张的状态，理性被强烈的情绪所压制。而此时此刻，正是我们最需要保持清醒和冷静的时刻。学会在愤怒来临时按下"暂停键"，是掌控愤怒的第一步。你首先要做的就是深呼吸。深呼吸可以帮助你稳定波动的情绪，重新集中注意力。尝试在心中默数到十，让呼吸的节奏逐渐放松你绷紧的神经。

如果情况允许，你还可以在愤怒涌上心头的时候，迅速离开，走到一个安静的地方。物理上的距离可以帮助你获得心理上的距离，让你更好地思考情绪的来源。短暂的离开不是逃避，而是为你自己争取一个平静的机会。

马迪是一家大型公司的项目经理，平时工作压力非常大。一次，他的团队在一个重要项目中出现了失误，导致公司遭受了损失。愤怒的马迪当场对团队成员大发脾气，指责他们无能。虽然这次爆发让马迪的情绪得到了宣泄，但团队的士气因此大受打击，几位成员甚至考虑辞职。过后，马迪冷静下来，意识到自己不应该在愤怒中情绪失控，而是要找到问题的根源。

为了改变自己，马迪开始练习在愤怒时按下"暂停键"。他学会了在愤怒涌上心头时，先做深呼吸，并给自己几分钟的时间来冷静思考。在接下来的项目中，当马迪再次遇到类似的问题时，他没有像以往那样发火，而是选择先离开会议室，让自己冷静下来。待情绪稳定后，他再回到会议室，与团队成员一起讨论解决方案。这种改变让团队成员感受到了更多的尊重和理解，大家的工作积极性也因此得到了恢复和提升。

通过这样的转变，马迪不仅成功改善了自己的情绪管理能力，还逐渐重建了与团队之间的信任关系。他深刻意识到，愤怒本身并非毫无意义，关键在于如何正确引导和利用它。现在的马迪已经不再让愤怒的情

绪支配自己的行为，而是学会了运用理性和有效的沟通来解决问题，这样的变化使得整个团队的氛围变得更加融洽和和谐。

马迪的转变其实就是一种正念的觉醒。他学会了在愤怒来临时按下"暂停键"，不再被情绪所控制，而是用理性来引导自己的行为。正念帮助他意识到，愤怒的根源常常不在于眼前的问题，而是自己内心未被满足的需求和压力。

在感到愤怒时，及时冷静下来，倾听内心的声音，弄清楚是什么引发了愤怒。是因为感到被忽视？还是因为被误解？当我们清楚地认识到愤怒背后的原因时，就能够更好地表达自己的需求，而不是通过愤怒来发泄。

大多数的愤怒并非不可控，只要我们愿意通过正念去觉察和调整自己，及时按下"暂停键"，冷静去思考，或许就能有效地控制住愤怒的火焰，从而避免对自己和他人造成进一步的伤害。

可以生气，但不要越想越生气

你有没有过这样的经历？

在职场中，你和同事对某个方案的意见不合，回到家后不断回想："如果当时我这样回怼就好了！"你越想越懊恼，为自己没有及时反击而气愤不已。

又或者，你每天提醒孩子不要乱放东西，他虽然嘴上答应得好好的，但实际上却毫无改变。你心里开始犯嘀咕，是不是他根本就不把你的话当回事。你越想越觉得生气，甚至开始忽视他身上的优点和进步。

再比如，你刚买了一件自己心仪已久的衣服，却发现闺蜜们的评价并不如你所期待，甚至有人说颜色不适合你。虽然你嘴上挂着笑容，轻松地说"各花入各眼"，但你的心里越想越不是滋味。你开始反复琢磨她们的话，每回想一遍都让你更加气愤。

经历了这些情景而感到生气是正常的，毕竟，谁都不希望自己被别人忽视或误解。然而，如果你发现自己不断在脑海中重复这些让你生气的场景，情绪愈演愈烈，那么你可能已经陷入了"情绪化思考"的陷阱。

情绪化思考简单来说就是"带着负面情绪"去思考问题，这种模式不仅会让自己越想越生气，还会把本来微不足道的小问题放大，导致你作出非理性的决策，甚至伤害到自己和身边的人。

让我们回到前面所说的情景，你和同事因为一个方案产生了分歧，你后来越想越生气，甚至认为对方就是故意为难你，想让你难堪。而且，你还担心这个同事在日后会变本加厉地针对你，这种感觉真的让人很不舒服，对吧？

在这样情绪化的思考下，你可能会暗下决心——上班之后要给他一点"颜色"看看。你还可能会制定周密的"复仇计划"，要让这位同事在公司里"出丑"。甚至，你还可能会联合其他同事一起来排挤他。

而你有没有想过，这位"故意为难你"的同事，可能仅仅是出于对方案的专业判断而提出异议，而并非针对你个人？当一个人陷入情绪化思考时，很容易将事情复杂化。你可能误把同事的意见解读为对你的敌意，从而让小问题变成大冲突。

情绪化思考会让你误解他人的动机，更有可能导致你做出过激的反应，比如计划在工作中"报复"对方。这样的行为不仅会破坏正常的同事关系，还可能影响你的职业发展。更重要的是，这样的情绪负担会让你在日常生活中感到疲惫和焦虑。

生气是一种自然的情感反应，它提示我们某些事情出了问题，需要我们关注和解决。重要的是，我们不应该逃避这种情绪。压抑情绪只会让它积聚在心底，最终以更强烈的形式爆发出来。相反，我们需要直面情绪，接受它的存在，正视它给你带来的不适感。

承认自己生气，并不意味着我们要放大它的影响力。生气本身只是一种短暂的情绪波动，不应该被赋予过多的权重，更不应该让情绪主导我们的思考。在情绪来临时，用正念让它停下来，观察它，而不是立即反应。

基于此，当你生气的时候，不妨按下暂停键，反思一下这是对方的"故意为难"，还是你在情绪化的思维中夸大了问题。如果你能理性地审视这些情绪，就会发现许多冲突其实并不像你想象的那么严重，你也就不会出现越想越生气的情况了。

告别脆弱的自尊心

在我们的日常生活中，自尊心对每个人都至关重要，它是我们内心自我价值的体现。被别人尊重和肯定也是我们精神世界中的一种重要的需求。

有时，我们的自尊心会显得过于脆弱，当它感受到威胁时，愤怒往往会迅速上升，让我们难以保持冷静。这样的反应暴露了我们在应对外界评价时的敏感与不安。下面例子中的主人公就表现出了这一点。

陈静是一个自尊心很强的女孩，她刚刚步入职场，虽然工作表现出色，但对外界的评价异常敏感。在一次公司会议上，她满怀信心地提出了一个方案，却被领导当众否定。刹那间，陈静感到自尊心受到了严重打击，脸上火辣辣的，她内心的羞愧与愤怒迅速交织在一起。

回到家后，陈静的心情始终无法平静，领导的言辞在她的脑海中反复回响，让她心中的愤怒和自我怀疑逐渐升级。她不仅对领导产生了前所未有的反感，还对自己的能力产生了质疑，觉得自己或许真的不适合这份工作。这种负面情绪让她整个人陷入了痛苦的泥潭，久久无法自拔。

陈静的经历凸显了一个普遍存在的问题：当我们将自尊心建立在他

人的评价上时，往往会陷入一种脆弱的境地。外界的赞扬或许能给我们带来短暂的满足和欣喜，但一旦遭遇否定或批评，我们的情绪便容易骤然失控，陷入自我怀疑和愤怒的旋涡之中。

　　真正的自尊不应依赖他人的认同，而是源自内心对自我价值的坚定信念。这种信念让我们在面对外界评价时，能够保持冷静和自信，不会轻易动摇。培养这种内在的自尊需要时间和正念的练习，尤其在面对挑战和挫折时，我们应学会自我肯定，而非盲目追求外界的认可。

　　比如，当我们受到外界的批评或质疑时，先不要着急去反击。通过正念的练习，我们可以让自己暂停下来，深呼吸，观察自己的情绪，而

不是立即做出反应。这个过程有助于我们开始反思，重新审视自己，从而找到内心深处的自我价值，而不是过分依赖外界的认同。

写日记是一个自我肯定的极好方式，可以帮助你每日记录自己的成长和成就。当你面对外界的否定或质疑时，翻阅这些记录会让你看到自己的进步和努力，从而重新肯定自我。写日记不仅是情感的宣泄，也是自我鼓励的方式。

另外，设立小目标并逐步实现它们，可以为你提供持续的成就感。这些小目标可以是工作中的挑战、学习新技能，或是培养一种新习惯。在逐步实现这些目标过程中，你会更加清晰认识到自己的能力，同时能够发掘和发现自己的潜力，从而增强内在的自信。每一次达成目标，都能成为你自我肯定的强大依据。

总之，找到自我价值需要持续地练习和自我肯定。通过写日记、设立小目标等方式，我们可以逐渐增强内在的自信，摆脱对外界评价的过度依赖。当你学会关注自己的成长，并从中汲取力量时，你的自尊心将不再脆弱，而是成为你面对人生挑战的坚实支柱。

从破坏性到建设性

愤怒是一种极其强大的情绪，它犹如一股猛烈的能量流，可以在瞬间席卷我们的内心。如果控制不好，愤怒往往会以破坏性的方式表现出来——无论是对自己，还是对他人。我们可能会说出伤人的话，做出不理智的决定，甚至让本可以平静解决的冲突变得更加复杂和紧张。

但愤怒本身并非毫无意义，它常常是我们内心深处的某种需求未被满足的信号。当我们学会转化愤怒时，愤怒可以变成一种建设性的力量，推动我们去解决问题，而不是制造更大的冲突。

历史上，有很多名人也曾在成长过程中遭受过羞辱并感到愤怒，但他们将这种经历转化为了推动他们成功的动力。其中一个例子是美国著名喜剧演员和电视主持人奥普拉·温弗瑞（Oprah Winfrey）。

奥普拉·温弗瑞的童年过得非常艰难。她出生在密西西比州一个贫困的家庭，在成长过程中经历过性虐待、贫困和种族歧视。在她的早年

生活中，奥普拉经常受到他人的轻视和羞辱，这些经历给她带来了深深的创伤和愤怒。

可能很多人在面临这些挑战和挫折时，会被长期愤怒的情绪束缚住，变得易怒，对人生的态度也会变得消极。然而，奥普拉并没有让这些负面经历影响她的人生。相反，在进入中学后，她将愤怒和痛苦转化为一种强大的内在动力，推动她努力改变自己的命运。

中学时期，奥普拉凭借自己的努力，逐渐成长为成绩优异的好学生，她还作为田纳西州的优秀中学生代表到白宫参加会议。1972年，奥普拉考上田纳西州州立大学，主修演讲和戏剧。毕业后，她进入广播和电视行业，开启了自己辉煌的人生。

奥普拉的成就不仅仅是个人成功的体现，她还利用自己的平台帮助和激励他人，尤其是那些经历过与她类似困难的人。她的《奥普拉脱口秀》（The Oprah Winfrey Show）成为美国历史上最受欢迎的电视节目之一，并且她通过自己的慈善工作和教育项目，对全球数百万人的生活产生了积极的影响。

奥普拉·温弗瑞的经历表明，愤怒和痛苦可以被转化为推动个人成功的建设性力量。她通过将自己经历过的羞辱和挫折转化为同情心和决心，最终成为一位具有全球影响力的公众人物和慈善家。

通过正念，可以让我们能够以更清晰的视角看待自己的情绪，辨识出愤怒背后的真正原因。当我们意识到愤怒只是我们对某些不满或不公平的自然反应时，就可以重新引导这股能量，用它来解决问题，而不是制造更多的麻烦。

想象一下，当你在工作中遭遇挫折或不公时，愤怒可能会立即涌上心头。如果你选择任由愤怒支配，很可能会做出让你后悔的决定；但如果你能够冷静下来，正念地思考这股愤怒的来源，就能将这种情绪转化为行动的动力。你可以用这股能量来更加专注地完成工作，甚至为自己设定更高的目标，从而证明自己的能力。

与此同时，愤怒也可以成为建设性沟通的契机。比如，在家庭或工作中遇到冲突时，愤怒往往源于我们的需求未被满足或观点未被理解。如果我们能够将愤怒转化为冷静而有力的沟通，不仅可以表达出自己的感受，还能够促使问题得到解决。

罗娜和她的丈夫金明在家务分配的问题上经常产生争执。一次，罗娜下班回家后发现家里依然凌乱不堪，而金明又悠闲地坐在沙发上玩游戏。她的愤怒瞬间爆发，几乎要对丈夫发火。但在怒火即将失控的瞬间，罗娜停下来，深呼吸，回到卧室冷静了一会儿。随后，她决定采用一种更为冷静的方式与丈夫沟通。

她告诉金明，自己感到疲惫，希望他能够更多地参与家务，因为这对他们的夫妻关系和她的情绪有很大帮助。金明听到她冷静而真诚的表达后，意识到问题的严重性，决定和她一起制定一个合理的家务分配计划。通过正念的介入，罗娜将愤怒转化为建设性的沟通，成功解决了他们之间的矛盾，反而加强了夫妻之间的理解和支持。

正念帮助我们在情绪爆发前暂停下来，思考如何以更有效的方式去表达感受，寻找问题的解决方法，从而避免无谓的冲突。由此愤怒不再是我们生活中的绊脚石，而变成了激励我们成长与进步的催化剂。

宽容那些让你感到生气的人和事

要彻底掌控愤怒，我们还需要学会接纳与宽容。接纳自己有时会产生愤怒的事实，不再因此感到羞耻或自责。正如我们一直强调的那样，愤怒是人类情感的一部分，它存在的意义是让我们更好地理解自己和他人。

宽容是一种强大的心灵力量，它不仅是对他人的宽恕，更是一种对自我的解脱。当我们选择宽容那些让我们感到痛苦的人时，实际上就是在释放自己内心的负担，让愤怒和怨恨不再纠缠着我们。宽容并不意味着忘记不公或无条件接受，而是选择不再让这些负面情绪控制我们的生活。

假设你在一次会议上表现不佳，事后不断责怪自己准备不充分，甚至怀疑自己的能力。这种自我责备不仅无助于改变现状，还会让你陷入情绪的低谷。相反，如果你能够宽容自己，承认自己的不足，并吸取教训，才能更好地面对未来的挑战。宽容自己意味着接受自己过去的错误，把它们视为成长的契机。

除了接纳和宽容自己，我们还应该尽量对别人多一些宽容。有时，别人的言行可能刺痛我们的自尊，甚至让我们感受到极大的伤害。然而，当我们选择宽容对方时，这不仅是为了他们，也是为了让自己从负面情绪的泥沼中解脱出来。

有一次，戴尔·卡耐基在电台节目中介绍一本畅销书时，不小心把其中的一些细节说错了。节目播出后不久，他收到了一封来自听众的来信。这封信充满了愤怒的指责，甚至用了非常激烈的语言，把卡耐基骂得体无完肤。

读这封信的时候，卡耐基感到自己内心的怒火也在燃烧。他当时真想立即回信，反击道："我确实说错了，但我从来没有见过像你这样粗鲁无礼的人。"但是，卡耐基深知愤怒只会让事情变得更糟，于是他控制住自己的情绪，没有那样去做，而是去寻找一种更平和的解决方法。

　　他停下来，深吸了一口气，开始问自己："如果我是这位听众，我会不会也像她一样愤怒？"站在她的立场上思考，卡耐基意识到，也许自己的错误让这位听众产生了困惑，因此愤怒也是可以理解的。想到这一点，卡耐基心中的怒气逐渐平息，他选择了宽容对方。

　　于是，卡耐基决定主动联系这位听众。他拿起电话，拨通了她的号码。在电话中，他真诚地向她承认了自己的错误，并再次表达了歉意。

正念觉醒：别让你的情绪毫无价值

卡耐基的谦逊和真诚慢慢化解了这位听众的怒气，最终，她不仅对卡耐基表示了理解，还表达了对他的敬佩之情。双方愉快地结束了通话，这位听众甚至提出，希望能有机会与卡耐基进一步交流。

卡耐基的经历带给我们一个重要的启示：宽容是一种强大的心灵解药，它帮助我们放下愤怒与不满，让内心获得平和与自由。当我们学会宽容时，那些让我们感到愤怒的人和事就不再会影响到自己。

通过宽容，我们能够减少生活中的冲突，改善和他人的关系，同时也能让自己更加轻松自在。宽容并不意味着软弱或妥协，而是智慧和力量的象征。它让我们不再被负面的情绪所控制，而是成为情绪的主人。

第五章

告别
悲伤
和抑郁

悲伤和抑郁是我们生活中不可避免的情感体验，它们常常伴随着痛苦、无助和迷茫，让我们感到生命的沉重。不过，这些情绪并非无解的困境。通过正念和自我对话的练习，我们可以逐渐学会接纳这些情绪，并找到走出阴霾的力量。

用正念解读悲伤

在人生的旅途中，悲伤是我们不可避免的一部分。我们都曾有过那样的时刻，感受到内心深处的沉重与失落。无论是因为失去了心爱的人，经历了失败，或是遭受了生活中的巨大挫折，悲伤的情感总是会如影随形。甚至在某些时刻，我们没有任何理由，也会出现悲伤的情绪。

悲伤是一种什么感觉呢？你可能会因为悲伤感到胃痛、头痛，或是难以入眠。它对我们的身体会造成一定影响。悲伤也会改变我们的情绪状态。我们可能会不由自主地流泪或感到易怒、无聊和沮丧，还可能渴望远离他人，独自待着。

悲伤会让人感到不快乐，本能几乎让我们自动去回避这种情绪。比如，从很小的时候开始，我们就努力避开悲伤的情感。同样，成年后，我们会立刻安抚哭闹的婴儿，或者随口对啜泣的孩子说："别难过，快点高兴起来，你没事的，别哭了。"不知不觉中，我们往往传递出这样的信息：悲伤是不好的，应该尽量避免。

然而，在这个快节奏、强调积极心态的世界中，我们常常忽视了一个重要的事实：感到悲伤是完全正常的，你无须完全回避这种情绪。

悲伤不只是一种负面情绪，它更像调色板上的深色调，为我们的生命增添了深度和真实感。悲伤时，它促使我们停下脚步，深刻体会内心的波动，反思生活的意义。悲伤能够让我们更加清楚地认识到，什么才是我们应该真正珍惜的，它帮助我们重新定义生活中最重要的部分。

当我们失去了珍贵的东西，或者未能实现心中的梦想，悲伤自然会

涌上心头。这种情感反应本身就是我们对所珍视之物的深切认同。正是通过感受悲伤，我们才能更加清晰地看到生命中的光明与阴影。

　　林雅是一位三十多岁的职业女性，一直以来，她与母亲的关系非常亲密。母亲是她生活中的支柱，总是在她遇到困难时给予她无尽的支持与关爱。然而，不幸的是，母亲在一场突发的重病中离世，给林雅的生活带来了巨大的打击。面对母亲的突然离去，林雅陷入深深的悲痛之中。

起初，林雅试图通过忙碌的工作和社交活动来逃避悲伤，认为这样可以让自己尽快走出来。但每当她独自一人时，母亲离世的情景就会在她脑海中反复出现，压得她喘不过气。她开始失眠，变得易怒、暴躁，甚至对生活失去了兴趣。

　　在朋友的建议下，林雅开始了正念练习，她逐渐学会了不再压抑自己的悲伤，而是以一种温柔的方式去接纳它。每当悲伤袭来，林雅会选择安静地坐下来，深呼吸几次，感受情绪在体内的流动。她意识到，悲伤并不是自己需要排斥的敌人，而是对母亲深深爱意的自然反应。

正念觉醒：别让你的情绪毫无价值

随着正念练习的深入，林雅能够在悲伤中找到一丝平静。她开始接受母亲已经离开的事实，并珍藏与母亲在一起的美好回忆。她学会了如何与悲伤共处，不再试图逃避或抗争，而是温柔地允许自己去感受这一切。正是在这段与悲伤共处的过程中，林雅找回了内心的平和，也重新看到了生活的希望。

正念的核心在于"觉察"和"接纳"，这正是我们应对悲伤的关键。当悲伤袭来时，不要急于逃避或压抑这种情感，而是要用温柔的心态去感受它的存在。通过正念，我们可以学会在不评判的情况下感知自己的情绪，认识到悲伤是人类经验的一部分，而非一种需要被驱逐的负担。

在这个过程中，我们可以像林雅一样，学会如何与悲伤共处，而不是与之抗争。悲伤如同海中的波涛，有时强烈，有时平静，它让我们与自己的内心建立起更紧密的联系。当我们学会与悲伤和平共处，生命中的阴影和光亮将更加清晰，而我们也将在这一过程中找到内心的平和与力量。

请避免过度思考

当悲伤来临时，正念教导我们去接纳这种情绪，而非逃避。但是接纳并不意味着让悲伤在我们的生活中肆意蔓延。特别是，你应该避免让自己陷入过度思考的状态中。

过度思考，尤其是反复琢磨那些负面的事情，会让我们陷入情绪的深渊，使悲伤的情绪变得难以摆脱。比如，在悲伤的同时，过多地思考诸如"如果当时我……，结果会不会不一样？"或者"未来会不会更糟糕？"这样的问题，容易让悲伤的情绪无限放大。

比如刚刚结束了一段轰轰烈烈的恋情，你很容易陷入悲伤中，这是一种正常的情绪反应，但是如果因此而过度思考，会给你的生活蒙上一层阴影。

刘娜在一段五年的恋情中几乎倾注了全部的情感，这段感情曾是她生活的重心。当男朋友毅然决然地提出分手时，刘娜在那一刻，觉得整个世界都崩塌了，她开始陷入深深的悲伤之中。每天，她反复回想着过去的点滴，在脑海中回放曾经的场景，试图找出分手的原因。她不断地责怪自己，认为如果当时自己能更加包容，或者做得更好，这段感情可能就不会结束。

尽管身边的好友都在开导她，但刘娜依然无法自拔。她开始质疑自己的价值，认为自己是导致分手的唯一原因。工作时，她常常因为思绪纷飞而无法集中精力工作，甚至连最简单的任务都无法完成。回到家中，她的脑海里依然充斥着对过去的痛苦回忆，夜晚的失眠成为常态。

随着时间的推移，刘娜的情绪越来越低落，逐渐陷入一种无尽的悲伤和自我怀疑中。她与朋友的交流减少了，开始孤立和封闭自己。原本充满活力的她，现在每天都感到疲惫不堪，生活失去了色彩。

刘娜没有意识到，这种过度思考其实是在放大自己的痛苦，让悲伤不断加深。她陷入了一个恶性循环中，越是反复回想，越是感到自责和绝望，结果使自己更难以从这段感情的阴影中走出来。

反复回忆过去，让刘娜产生了更多不必要的悲伤，她把自己困在了对过去的执念中，忽视了生活中其他的美好和可能性。这样的思维方式，不仅让她的情绪更加低落，让她很难从这段感情中真正解脱出来，也阻碍她重新开始新的生活。

当然，没有人的生活是一帆风顺的，如果你也经常陷入过度思考的"怪圈"中，应该如何帮助自己走出来呢？

首先，当你意识到自己开始过度思考时，尝试将注意力集中在呼吸上。深呼吸几次，感受空气进入并离开身体的过程。这不仅能让你平静下来，还能将你的注意力从烦恼的思绪中转移出来。

　　其次，进行身体活动是一种有效的方式，可以帮助我们打破思维上的固定循环或模式。你可以快速跑步、做一些简单的家务，甚至只是在户外散步。通过这些活动，你的身体参与其中，大脑将重新集中在当下的行动上，而打断无休止的思考。

　　最后，当你感到有困扰时，与信任的朋友或家人交流也是一个不错的选择。表达你的感受不仅能让你释放压力，也能让你得到别人的理解

　　　　　　　　　　正念觉醒：别让你的情绪毫无价值

和支持。你信任的亲友的观点可能会为你提供一个新的视角，帮助你打破过度思考的循环。

想象一个光明的未来

通常来说，悲观的情绪源于我们对某一事件过度和负面的解读。当我们经历悲伤或痛苦的时候，大脑会倾向于放大对这些负面情绪的感受，忽视生活中的积极面，悲观的情绪会悄然而生。这种情绪使我们将注意力集中在生活中不顺心的方面，忽视了那些微小的却真实的美好。

长期悲观的情绪会让我们产生消极的想法，会对未来产生迷茫。这一点在悲观主义者身上非常普遍。他们常常对未来充满疑虑和担忧，认为一切都可能走向最坏的结果。这种思维方式会逐渐破坏他们的信心和希望，使他们对生活的积极面视而不见。

一个典型的悲观主义者会反复想象生活中可能发生的最糟糕的事情。比如，当你听到家人的电话没有接通时，脑海中可能立刻闪现出各种可能发生的不幸事故；当你准备参加一个重要的会议时，内心深处已预演了数次最糟糕的失败场景。对于某些人来说，这种倾向几乎是一种本能，无论事情多么微不足道，他们的思维都会自动将其引向最坏的结果。

这种悲观的思考模式是如何形成的呢？从心理学的角度来讲，这里有很多复杂的原因：

心理创伤：对于心理上经历过严重创伤的人，比如，意外失去至亲、遭受过巨大损失，或是在童年时期受到过长期伤害，有这些经历的人很容易因此改变他们对人生的看法，成为悲观主义者。

　　预警机制：我们的大脑天生就有一种自我保护机制，当我们面临不确定性或未知的情况时，大脑会迅速想象出各种最糟糕的结果来预防潜在的危机，启动保护机制，使我们免受伤害。悲观主义者通常会无意识地放大这些信息，使他们更倾向于担心和恐惧未来。

　　认知习惯：习惯性地使用错误的方式来理解生活中的事件，这种习惯会让人逐渐形成悲观的思维模式。例如，总是习惯性地将失败归因于

　　正念觉醒：别让你的情绪毫无价值

自己的无能，而把成功归结于运气。这样的思维模式会让人倾向否定自己，增强对未来的负面预期。

完美主义：完美主义者往往对自己和他人的要求极高，他们希望所有事情都要按照计划毫无差错地进行。当面对可能的失败或意外时，他们会不自觉地放大最坏的结果，从而提前采取措施去避免。

虽然想象最坏的结果，对于悲观主义者来说是一种常见的心理倾向，但我们可以采取一些策略来打破这种思维的循环，从而减轻内心的焦虑和不安。

比如，当你对未来某一种结果开始陷入担忧甚至恐惧时，不妨问问自己："我所担心的事情真的有可能发生吗？它发生的概率有多大？"通过理性分析，你会发现，很多时候我们所担心的事情实际上很少发生。学会理解与分辨真正的威胁和虚构的恐惧，能帮助我们减少很多毫无意义的焦虑。

与此同时，培养积极的思维方式也很重要。当你发现自己在想象最糟糕的结果时，尝试改变想法，想象一下最好的结果是什么。

比如，当你担心自己可能在接下来的一场会议中表现不佳时，不妨想象一下，如果你表现出色，会带来怎样的积极影响。这种积极的想象不仅能提升我们的信心，还能帮助我们以更开放的心态应对挑战。

当你为未来不确定的事情而忧心忡忡时，为什么不去试着想象一个光明的未来呢？培养积极的思维方式，可以帮助大脑摆脱悲观的情绪。在这个充满不确定性的世界里，我们不可能预见和控制一切。但与其让自己陷入对未来的悲观情绪中，不如在内心构想一个更美好的明天。

　　生活中总有一些我们无法预知的挑战，但也正因为如此，生活才充满了无限的可能性。在面对不确定性的时候，愿你能带着勇气和信心前行，不再被悲观和消极的想法所困扰。

抑郁是一种怎样的感觉？

　　抑郁与悲伤虽然在情感体验上有相似之处，但存在着明显的差异。

正念觉醒：别让你的情绪毫无价值

悲伤虽然令人痛苦，但它使我们感受到生命的真实与意义。悲伤可以激发我们的回忆、联想，并让我们重新找到某种内在的力量。

相比之下，抑郁是一种更为复杂且持久的情绪状态。它通常在没有明确原因的情况下出现，不仅仅是情绪上的低落，还伴随着深层次的无助感和沮丧感。

一个抑郁的人可能会感受到情感上的麻木，似乎对生活失去了感觉，无法体验到生活所带来的快乐和满足。比如，下面案例中的主人公，就深陷到抑郁的情绪里。

在一家大企业工作的李然一直表现都很不错，并赢得过同事和上司的一致认可。然而，一次突如其来的职业挫折将他推向了崩溃的边缘，原本充满活力和色彩的生活也随之变得暗淡起来。

起初，李然只是感到有些许的忧郁和沮丧，认为这是压力过大的正常反应。然而，半年时间过去了，这种情绪不但没有好转，反而加剧，仿佛有一层阴霾笼罩在他的心头怎么也挥之不去。曾经让他感到自豪的工作成就，如今却变得毫无意义，甚至连日常生活中的小确幸也无法再激发起他内心的任何涟漪。李然感到一种难以言喻的麻木，仿佛对整个世界失去了兴趣，就连自己曾经最喜欢的运动和娱乐也不再有吸引力。

随着情绪的持续恶化，李然陷入了深深的自我怀疑。他开始自责，认为自己的抑郁状态是因为他不够优秀、不够坚定。这种负面的自我评价不断审视着他的内心，尽管他努力尝试振作，但每一次的失败都增强了他的无助感，他仿佛被困在一个黑暗的小屋中，找不到出口。

李然开始变得孤僻起来。他不再主动联系朋友，甚至在家庭聚会中也心不在焉，仿佛灵魂已经被抽离，只剩下一个机械运转的躯壳。他的生活节奏变得迟缓，每一天都感觉是在勉强支撑中度过。

正如李然这样，当我们陷入抑郁的情绪中，生活中的一切似乎都变得索然无味起来。与此同时，羞愧、自责和自我厌恶等负面情绪会加剧这种状态，使我们陷入一种无法摆脱的情感困境。这些情绪不仅让我们无法采取建设性的行为，还进一步消耗了我们的能量和活力。

更糟糕的是，抑郁往往会形成一种自我强化的循环。内心的负面情绪会影响我们的行为，使我们无法积极应对生活中的挑战，从而导致挫折和失败接踵而至，而这些挫折和失败的经历，又反过来加深了我们对自己的负面评价和抑郁情绪。这种循环会让抑郁变得愈加难以缓解，仿佛陷入一个"怪圈"之中。

走出抑郁的"怪圈"

当我们陷入抑郁的"怪圈"时，内心的负面情绪往往像一层厚厚的阴霾，笼罩着我们的思维和行为，使得生活中的一切都变得黯然无光。抑郁会使人麻木，让我们对世界的感知变得模糊不清，仿佛整个世界都失去了色彩和意义。

很多人试图通过对抗来摆脱抑郁，但这其实并非明智之举。对抗意味着你把抑郁视为敌人，企图用意志力去消除它。然而，情绪并不是简单的对手，可以被轻易"打败"。如果你一味地对抗抑郁，反而可能忽视它背后的深层原因，导致情绪更加紧张和复杂。

情绪是我们内心体验的一部分，它们的出现一定有其根本原因和背后意义。与其与之对抗，不如尝试去理解和接纳它们。这并不意味着要向抑郁屈服，而是学会以一种开放和温柔的态度去面对它。通过这种方式，你可以逐渐减轻情绪带来的痛苦，找到走出困境的更有效的途径。

接纳意味着给予自己空间和时间，让自己在安全的环境中感受并处理这些情绪，而不是强迫自己去抵抗和压抑它们；接纳意味着我们承认抑郁的存在，并认识到它是一种情绪状态。通过接纳，我们可以更好地尝试去了解它的根源，并理清它的来龙去脉，从而不再与抑郁对抗，以更平和的心态去面对和处理抑郁背后真正的问题。

　　刘敏曾有一段时间陷入了深深的抑郁情绪中。她几乎每晚都失眠，早上起床变得异常艰难，起床后也感到浑身无力，仿佛生活的动力已荡然无存。抑郁的情绪不仅侵蚀了她的身心健康，更渗透到她生活的方方面面，使她显得孤僻且憔悴。

　　一个偶然的机会，刘敏接触到了正念练习。通过每天的冥想和深呼吸练习，她逐渐学会了如何识别和接纳自己的情绪。每当抑郁情绪来袭时，她会让自己静下来，深呼吸，将注意力集中在身体的感受上。一段时间后，刘敏的抑郁情绪显著缓解，她开始慢慢找回生活的常态。

正念练习帮助刘敏在抑郁的情绪来袭时暂停下来，从而避免被负面情绪完全控制。通过关注当下的呼吸、身体的感受，我们能够与情绪保持一定的距离，不再让抑郁支配我们的行为。

　　除了正念练习，我们还可以采取一些"小而坚定"的行动来逐步缓解抑郁。抑郁通常会让我们觉得一切行动都失去了意义，然而，正是那些可能看起来微不足道的小行动，却能够逐渐打破抑郁的"怪圈"。比如，每天为自己设定一个小目标，无论是散步、完成一项简单的任务，还是与他人进行一次简短的交流，都可以帮助你一点点重建对生活的信心。这些阶段性的小胜利会不断积累，最终帮助你走出抑郁的阴影。

郑凯在创业失败后深陷抑郁中，再也找不到工作和生活的激情，他感到一切努力都是徒劳的。在这种情况下，他的治疗师建议他每天设定一个小目标，无论多么简单，哪怕是每天出门散步 10 分钟。

起初，郑凯觉得这种练习根本毫无意义，但在治疗师和朋友的鼓励下，他还是坚持了下来。随着每一天小目标的完成，他逐渐感受到一种内在的力量。他开始重新规划自己的生活，并逐渐找到了对生活的热情。

最后，如果抑郁的情绪让你感到孤立无援，不妨主动寻求外界的支持。比如，与信任的朋友或家人分享你内心的挣扎，这样你不仅能获得他们的理解，还能得到实质性的帮助。当然，必要时，寻求专业的心理治疗也是改善抑郁的有效策略。治疗师会帮助你深入了解抑郁的根源，并能提供一系列科学有效的应对方法。

走出抑郁的过程可能会很艰难，但并非不可战胜。通过正念练习、小行动和外界的支持，我们可以逐步打破抑郁的"怪圈"，重新唤起积极的情绪。

通过自我对话调整情绪

无论是悲伤还是抑郁，抑或是其他的负面情绪，我们都可以通过自我对话的方式来调整。自我对话是指自己与自己进行内心的交流，特别是在情绪低落或面对挑战时，通过正面的语言和思考来引导自己走出负面情绪的困境。

通过对情绪的觉察，当你能够明确地说出"我感到焦虑"或"我感到悲伤"时，你已经在情绪和自我之间建立了一种距离。这个距离使你不再被情绪牵着走，而是可以从一个更理性的角度来看待它们。而接下来，我们就可以尝试通过自我对话来调整你的情绪。

这种对话应该充满理解与关怀，而不是批评或指责。比如，当你感到痛苦时，可以告诉自己："虽然现在我很痛苦，但这是正常的情绪反应，我能够度过这段艰难的时期。"这种积极的语言可以安抚你的内心，帮助你减少情绪带来的压力。

畅销书作家 J.K. 罗琳的经历堪称是一个关于坚持与自我对话的典范。在创作《哈利·波特》系列之前，她经历了人生中最黑暗的时期：母亲去世、婚姻破裂、经济困窘以及独自抚养年幼的女儿。生活的重担让她几近崩溃，但她并未让这些困境击垮自己。每天，她都会在内心与自己对话，激励自己继续前行。

在那些孤独且艰难的日子里，罗琳常常对自己说："虽然现在的处境如此艰难，但我坚信，我所经历的一切苦难，将会给我带来光明的未来。或许现在还看不到任何希望，但我绝不会放弃。"这样的自我激励不仅赋予了她坚韧不拔的毅力，更让她在逆境中发掘了自己的价值和潜力。

当罗琳在爱丁堡的一家小咖啡馆里写作时，尽管她的身边只有一杯廉价的咖啡和一个旧笔记本，她依然坚信自己的写作能改变命运。她的内心对话是她最强大的支柱，每当抑郁的情绪涌上心头时，她会提醒自己："这不仅仅是为自己，女儿也需要我成功。我要用我的经历让她懂得，梦想是值得追逐的。"

　　最终，这种积极的自我对话帮助罗琳完成了"哈利·波特"系列的创作，并取得了巨大的成功。

　　通过自我对话的方式，J.K. 罗琳在人生最艰难的时期找到了内在的力量与勇气，最终改变了自己的命运。她的故事向我们展示出自我对话的力量。自我对话不仅能帮助我们从负面的情绪中走出，还能成为我们实现梦想的动力。

如果你也处在情绪低落或面临挑战的时刻，不妨尝试与自己进行积极的自我对话。自我对话的力量不仅在于帮助我们调整情绪，还在于它能让我们以更积极的方式面对生活中的挑战。

　　通过与自我的对话，我们不仅能够深入理解自己的情绪，还能在内心培养出一种自我关怀与支持的力量。这个过程教会我们，如何在面对困境时对自己温柔以待，而不是苛责自己。自我对话如同一位内心深处的朋友，给予我们爱与温暖。

第六章

远离自卑，
学会
肯定自己

在生活的旅程中，我们时常会感到自己不够好、不够聪明、不够成功，这些自我怀疑的声音往往源自内心的自卑感。自卑如同无形的枷锁，限制了我们的潜力，剥夺了我们享受生活的乐趣，也影响到我们在这个世界的形象。

自卑的根源在哪里？

在我们人生的旅途中，或许都有过这样的时刻：内心有个声音不断在耳边低语，"你不够好""你不值得被爱""你永远不会成功"。这种声音就像一条无形的锁链，束缚着我们的心灵，限制了我们前行的步伐。这种自我怀疑和不安感，正是自卑的表现，它不仅让我们对自己产生负面的评价，也剥夺了我们享受生活的乐趣。

自卑或是说低自尊，往往像一片乌云，笼罩在我们的内心，让我们难以看到生活中的阳光。然而，解放自己，摆脱自卑的束缚，是每个人都可以实现的目标。通过理解自卑的根源，学会自我接纳，并建立健康的自我形象，可以让我们重新找回内心的力量，过上更加充实和满足的

正念觉醒：别让你的情绪毫无价值

生活。

自卑通常是由我们内心深处不停的自我批判所造成的。这种声音的产生可能源于童年时期的经历、社会的压力，或是与他人的比较。它让我们不断贬低自己，觉得自己不够好、不够聪明、不够成功。

小雅是一个外表甜美、成绩优异的女孩，但她内心一直被深深的自卑感所困扰。小时候，她的父母总是对她要求非常严格，几乎从未夸奖过她。每次她拿回考试成绩，父母关注的从不是她考得有多好，而是质疑她为什么没考满分。即便小雅取得了全班第一的成绩，父母依然会问："为什么不是满分？"这种对她苛求的完美要求，让小雅从小就感到自己还不够好、不够聪明、不够优秀。

随着年龄的增长，这种内在的自我批判在小雅心中扎根。当她长大后，这个声音变得更为强烈，几乎主宰了她的内心世界。她开始害怕尝试新事物，担心自己会失败，害怕被他人评价。即使在工作中取得了不错的成绩，她也总是觉得自己配不上这些成功，认为自己只是幸运而已。

在社交场合中，自卑的小雅也经常感到不安，总觉得自己不如别人，怕被他人发现自己的"不足"。她总是刻意避免在公开场合发言，担心会出错而丢脸。她也很难接受他人的赞美，总是下意识地贬低自己，认为那些赞美不过是出于礼貌。

这种自卑感让小雅感到孤独和无助，尽管她年轻漂亮，内心却常常感到压抑。她不断告诉自己不够好、不够完美，因此在生活和工作中始终缺乏自信。

通过小雅的故事，我们看到了童年时期的经历是如何在她内心播下了自我批判的种子。这个声音在她成长过程中不断放大，最终让她深陷于自卑的泥潭。她的经历说明：正是这些内心深处的自我批判，才让一个优秀的女孩，变得如此不自信、如此害怕失败和怀疑自己的价值。

虽然自卑听起来并不是什么严重的心理问题，但需要警惕的是，它对我们每个人的影响可能是深远且广泛的。首先，自卑会削弱我们的自信心，使我们在面对挑战时退缩，错失许多成长和成功的机会。自卑让我们在社会交往中感到不安，害怕被他人评价，从而限制了我们的人际关系范围，甚至可能导致社交孤立。此外，自卑还会引发一系列的负面情绪，如焦虑、抑郁等，使我们难以感受到生活的乐趣与满足感。

长时间处于自卑状态的人，会不断贬低自己，认为自己不值得被爱、不可能成功，这种思维模式会进一步强化他们的自卑感。与此同时，自卑也可能导致身体上出现症状，如失眠、食欲不振，甚至引发心理疾病。这种内在的负面评价不仅影响了个人的心理健康，还会波及工作、学习和生活的各个方面，阻碍他们实现自我成长。

因此，认识自卑的危害，并采取积极的措施来应对和克服，是至关重要的。为了实现这一目标，可以通过自我接纳和正念练习，逐渐摆脱自卑的束缚，重新找回自信。

摆脱自卑：从接纳到改变

大多数的时候，我们并没有意识到，和自卑有关的自我批判并非都是真实的反映，更像是一种认知偏差。当我们过度关注自己的缺点和不足，忽略了自身的优点和成就，自卑就会悄无声息地侵蚀我们的信心和勇气，让我们在面对挑战时，总是选择退缩。

要解除自卑的枷锁，第一步就是学会自我接纳。自我接纳并不意味着满足现状，而是承认自己是一个不完美但有价值的人。我们每个人都有优点和缺点，接纳自己，意味着我们不再因为自己的不足而感到羞愧或自责，而是能够以一种平和的心态面对自己。

让我们通过下面这个生动的案例来看一看，如何通过自我接纳和改变来摆脱自卑。

朱莉是一位年轻的小学教师，尽管她工作兢兢业业、一丝不苟，但她总觉得自己不够好。每当她在课堂上出现错误，或者学生的成绩没有达到预期时，她都会开始怀疑自己的能力，甚至觉得自己不配做一名教师。尽管同事和家长对她的评价都很高，她却始终无法摆脱内心的自我批判，并在学校其他老师面前感到自卑。

一个偶然的机会，朱莉阅读了一本如何改善自卑的书，她决定使用书里的方法去改变自己目前的状况。她开始尝试每天记录下三件自己做得不错的事情，无论是课堂上的一个成功互动，还是帮助学生取得了一个小小进步。

渐渐地，朱莉开始意识到，自己其实做了很多值得骄傲的事情。她发现，那些曾经让她感到困扰的小错误，并不能否定她作为一名教师的价值。相反，她在每天的记录中看到，自己为学生带来了积极的影响，并且自己在不断地进步。慢慢地，朱莉不再过分纠结于那些小小的失误，而是更加关注自己在教学中取得的成就。

她感受到内心有一股新的力量在产生。这种力量并不是来自外界的赞扬，而是来自她对自己的肯定。站在讲台上，她感到了一种从未有过的自信。这种自信不仅表现在她的教学中，也体现在她与同事的互动中。她不再因为别人优秀的表现而感到自卑，而是欣赏自己独特的教学风格和与学生的良好关系。

随着这种心态的转变，朱莉在学校里的表现也得到了更广泛的认可。学生们更加喜欢她的课堂，因为她在教学中变得更加放松和富有感染力。同事们也注意到她的这些变化，开始主动向她请教教学的心得。

朱莉的转变告诉我们，自我接纳是走出自卑阴影的重要一步。当我们能够坦然面对自己的不足，并意识到自己的价值时，自卑就不再是束缚我们的枷锁。通过每天记录那些积极的表现，朱莉逐渐看到了自己的闪光点，学会了正视自己的优点与成就。这不仅让她找回了内心的平静与自信，还使她的职业生涯焕发了新的活力。

摆脱自卑并不意味着要成为完美的人，而是学会在不完美中接纳自己，认可自己的独特价值。每个人都有不足，但这些不足并不能完全定义我们。我们真正需要做的，是从内心深处承认自己的价值，从而不再被自卑所困扰。

如果你也时常被自卑感困扰，不妨试着去接纳它，并通过"三件好事"的练习来帮助自己收获自信。这个过程非常简单，你只需要花三分钟或更少的时间，在记事本上写下你一天中做的一到三件成功的事情。

我说的"成功"不是非要取得重大成就，只要是能够体现你的价值，哪怕是听起来微不足道的小事也可以。通过记录和关注你每天取得的"小成功"，可以让你逐步发现自己的价值，从而使你在接下来的日子里更有信心，取得更多的成功。

停止毫无意义的比较

你有没有注意到，在当今社会，比较已经成为许多人生活中的一种常见现象。无论是在朋友圈上看到他人晒出的成功和幸福，还是在日常生活中观察到朋友、同事的进步，甚至是留意到身边朋友的着装变化，我们总是不自觉地将自己与他们进行比较。

这种心理上的比较，往往让我们只关注自己的不足或与他人的差距上，从而陷入深深的自卑和焦虑之中。这种思维方式不仅无益，反而会削弱我们的自信，阻碍我们在生活中找到真正的满足感。

　　每个人的背景、经历和目标都各不相同。盲目地与他人比较，无视自己的独特性，只会让我们忽视自身的价值。我们可能会看到别人的成功是多么光鲜亮丽，却无法想象这些成功背后所付出的努力和曾遭受的种种挫折。

　　其实，我们每个人的生活都是独特的，成长的背景、经历，甚至是运气也各有不同。正如我们不会拿一条鱼的游泳能力与一只猴子的爬树技巧作比较，每个人的成就和生活质量也不应放在同一个标尺上衡量。

所以，在大多数时候，这种人与人的比较是毫无意义的，可能只会增加我们内心的负担。

这种无谓的比较还会导致一种名为"幸福缺失症"的现象，即我们认为他人的生活比自己的更加幸福，因此对自己当前的状态不满。这种心理容易导致我们去追求过高的生活目标，从而感到更加焦虑，甚至产生不切实际的期望。

陈佳是一位年轻的职场女性，外表端庄，工作也很努力，然而，她总是忍不住与自己最要好的一位闺蜜进行比较。这位闺蜜不仅外表出众，而且拥有一段看似完美的婚姻，经常在朋友圈里晒各种幸福。每到此时，陈佳瞬间感到情绪低落，觉得自己在各方面都不如闺蜜，这种比较让她在内心产生了深深的自卑感。她多么希望自己能够过上闺蜜那样的幸福生活。

其实，陈佳在自己的职业生涯中已经取得了不错的成就，还在大城市里买了属于自己的房产，但每当看到闺蜜的幸福生活时，她就会很自然地感到自己还不够成功和幸福。她的自信心因此大大受挫，甚至开始质疑自己的人生选择。这样的比较不仅让她忽视了自己所取得的进步，也让她对自己的未来失去了动力和热情。

正是在和别人的比较过程中，我们的意识焦点会不自觉地放在别人所拥有的、自己所缺少的事物上面，从而产生一种不如别人的自卑感。就像陈佳与闺蜜进行比较那样，她已经关注不到自己所取得的进步，也不会因为自己所拥有的成就而感到幸福。

如果你经常因为和别人比较而陷入自卑或焦虑的情绪中，我建议你将目光从别人的生活中收回来，专注于自己的内心和生活。当然，这不代表你应该封闭自己，不去社交，而是应该用更轻松和健康的方式去社交。

记住，看到他人的成功和闪光点，并不意味着自己是失败的。停止毫无意义的比较，让自己专注于内心的成长，这正是正念所倡导的。你可以进行正念冥想，提醒自己回到当下，关注自己的感受和目标，肯定自己的价值。

相信你自己

自卑的反义词就是自信，自信就像一盏明灯，指引着我们穿越黑暗与迷茫，坚定地走向成功与幸福。它并非一种与生俱来的天赋，而是通过不断的经历、实践与反思，在心灵深处逐渐积累并绽放出来的力量。拥有自信，我们就能够面对生活中的挑战，不再因失败而退缩，会以一种积极的心态去迎接每一个新的机会。

自信不仅仅是相信自己可以做到某件事，更是一种内心的平和与稳定。它让我们在面对未知时，能够坚定地相信，无论结果如何，我们都能从中获得学习的机会并得到成长。自信让我们不再被外界的评价所左右，而是能够依照内心的声音，去追求真正属于自己的梦想。

我们常常误以为自信是对自己能力的绝对确信，但实际上，自信更多的是一种信念——相信自己有能力面对和处理生活中的种种挑战。它让我们能够从容应对失败，并从中汲取力量，继续前行。

　　想象一下，当你站在一片广袤的原野上，面前是一条未知的道路。没有人告诉你这条路通向何方，也没有人告诉你前方是否有荆棘或沼泽。如果你缺乏自信，你可能会踌躇不前，担心自己的能力不足以应对前方的挑战。但如果你充满自信，就会迈开脚步，勇敢地踏上这条路。因为你知道，无论前方有多么艰难，你都有能力去克服。

　　当然，自信并不意味着无所畏惧，而是意味着尽管有恐惧，你仍然愿意去尝试。这种勇气正是一个人取得进步和成功的关键所在。自信的人知道，失败并不可怕，可怕的是因为害怕失败而放弃了努力。

自信的力量不仅体现在我们的外在行动上，更在于我们与自己的和解。它帮助我们接受自己的不完美，理解我们每个人都有优点和缺点。通过自信，我们不再因一时的挫折而怀疑、否定自己，而是能够更加宽容地对待自己，看到自己在成长中的进步。

如果你经常因为自我怀疑而缺乏自信，那么，我建议你读一读下面这个故事：

一位年轻的画家，拥有着非凡的才华，但他的内心总是被自我怀疑的阴云笼罩。每当完成一幅作品，他总觉得自己的画作未能达到心中的完美标准，没有充分表达出内心的思想与情感。即便他的作品已经精美绝伦，独具匠心，他却依然选择将它们藏匿于暗处，甚至有时在绝望中毁掉那些倾注了心血的画作。他的朋友目睹了这一切，心中深感惋惜。他诚恳地劝诫画家："你的作品已经超越了大多数人的水平，它们充满了独特的魅力和深刻的情感。问题的关键在于，你是否愿意相信自己，是否敢于将自己的才华和创作展现给世界。"

这句话深深触动了画家的心。他开始反思，意识到自己一直在与完美的幻想作斗争，而忽略了自己作品的真实价值。经过一番思索，画家决定给自己一个机会，将作品展示给公众。他虽然忐忑不安，但还是勇敢地迈出了这一步。

不出意料，画展取得了极大的成功。观众们被他的画作深深吸引，纷纷给予了高度的评价与赞誉。画家感受到前所未有的自信，他终于明白，虽然追求完美的技艺是艺术创作不可或缺的一部分，但真正的价值更在于敢于通过作品展现真实的自己，与观众建立深厚的情感连接。从那以后，他不再拘泥于内心的怀疑，而是更加大胆地创作出有独特风格的作品，最终真正找到了属于自己的艺术之路。

这个故事告诉我们，自信并不是对完美的追求，而是对自己能力的信任和接纳。当我们学会相信自己，勇敢地展示自己时，我们就能够突破内心的束缚，迎来更多更大的成功。

无论你处在人生的哪个阶段，记住，真正的自信源自内心的信念——相信自己有能力处理一切。通过持续的自我肯定，接纳自己的不完美，我们可以走得更远、更坚定，可以迎接更加广阔的未来。

培养自信心的 3 个方法

自信并不是一夜之间就能获得的，它需要通过日常的积累和练习来培养。就像我们之前提到的"三件好事"的记录方法，可以帮助我们找到当下自我的价值，提升我们的自信心。除了通过记录来帮助自己树立自信以外，以下这些方法也值得尝试。

1. 设立小目标

设立小目标是增强自信的一个有效方法。通过设定一个可实现的小目标，你能够在短时间内获得成功的体验，这种体验能够提升你的自我认同感和自信心。关键在于，这些目标应该是具体、可测量且可实现的。

具体来说，你可以先确定一个你当前能力范围内的目标，比如，每天完成一项小任务，如读完 20 页书或完成 1 小时的锻炼。这个目标不需要宏大，重要的是你能够实现它。

小李是一位刚进入职场的新员工，刚开始他对自己的工作能力缺乏信心。为了增强自信，他决定每天设立一个小目标，比如，上班提前15 分钟到达公司，并在下班前完成当天的任务。每次实现目标后，小李都会记录下来，并奖励自己。几个月后，小李发现自己越来越自信，

不仅能按时完成工作，还开始主动承担更多的任务。正是这些小目标，一步步帮他积累起了显著的成就，最终让他在工作中脱颖而出。

通过设立并达成小目标，你能够一步步积累成功的经验，从而逐渐建立起强大的自信心。这种方法不仅适用于职场，也适用于生活中的其他方面。

2. 积极的自我对话

积极的自我对话是一种强大的工具，能够帮助你在面对挑战时保持信心和乐观。当你感到沮丧或不自信时，内心的消极声音可能会不断质疑你的能力，甚至让你产生放弃的念头。此时，你可以重新塑造内心的语言，进行积极的自我对话，让自己在面对困难时有力量坚持下去。

当你感到情绪低落时，识别那些消极的自我对话，比如"我不行""我肯定会失败"等。接着，有意识地将这些消极语言转化为积极的鼓励，比如"我可以做到""这只是暂时的困难"。这种转换，不仅会改变你对当前情况的看法，还会激发你内在的信心和动力。

正念觉醒：别让你的情绪毫无价值

陈颖是一名大学生，正面临撰写毕业论文的压力，她经常感到力不从心，心中充满了自我怀疑。每当她遇到写作瓶颈时，脑海里总会冒出"我肯定写不好"的想法。为此，陈颖决定尝试积极的自我对话，每次当负面情绪袭来时，她都会停下来，深呼吸，然后对自己说："我已经走到了这一步，我有能力继续前行。"通过不断地用积极的话语鼓励自己，陈颖逐渐找回了信心，写作也变得更加流畅，最终她成功地完成了论文。

通过积极的自我对话，你可以改变内心对自己的看法，增强自信，帮助自己在面对挑战时保持一种积极向上的态度。这种方法不仅在学业中会起到很好的效果，在生活和工作的各个方面都可以帮助你变得更坚强。

3. 反思与成长

在生活中，我们不可避免地会遇到挫折和失败。当我们遭遇挫折时，很多人容易陷入自我否定的循环中，认为自己不够好或无法胜任。这种消极的思维模式只会让我们在未来的挑战中更加畏缩和焦虑。因此，反思和成长是摆脱这种消极循环的关键。

当你遭遇失败时，先给自己一些时间平复情绪，不要急于批判自己。你可以从一个客观的角度回顾整个过程，分析失败的原因。问问自己："这次失败到底是怎么发生的？""我有什么地方可以改进？""我从中学到了什么？"通过这样的反思，你不仅能找到改进的机会，还能为未来的成功打下基础。

　　马克是一名年轻且自信的销售人员，但在公司的一次重要提案中，他因为准备不足而错失了一位大客户。起初，他非常沮丧，甚至开始怀疑自己是否适合做销售工作。但在冷静下来后，马克决定认真反思这次失败。他回顾了整个提案过程，发现自己在准备阶段没有充分了解客户的需求，导致提案内容无法打动对方。

　　意识到这一点后，马克没有让自责占据心头，而是把这次教训转化为学习的机会。他制定了更详细的客户调研计划，并在每次提案前都确保自己掌握了足够的信息。果然，在下一次提案中，他凭借周密的准备赢得了客户的信任，并成功达成了交易。有了这次经历，马克不仅从自我怀疑中走了出来，而且也增强了战胜挫折的信心。

自信并不是一种遥不可及的品质，而是每个人内心深处的一种潜能。通过设立小目标、积极自我对话以及在挫折中反思成长，我们可以逐步培养和增强自信。在正念的帮助下，相信自己，接纳自己，你将释放出内在的力量，成就更好的自己。

不要活在别人的评价里

无论是在工作中，还是在日常生活里，我们总是希望得到他人的认可和赞美。然而，当我们把自己的价值建立在他人的评价上时，往往会让自己陷入不自信的境地，尤其是当我们遭遇批评时，这种不安感会变得更加强烈。

我曾经也有过类似的经历。当我刚刚开始在网络上分享我的专业知识时，一开始并没有得到我预期那样完美的结果，相反，我得到了很多批评的声音，这些声音既来自我的朋友，也来自网络上的听众。在一段时间里，我也产生过消极的想法，变得不自信了，甚至怀疑我是否能够继续从事我所热爱的这份事业。

好在，正念帮助了我，它让我专注于自己的感受，让我能够在没有负面情绪的干扰下思考。我把注意力转向自己的内心，认真辨别哪些外界的评价是有建设性的，我应该听取的，哪些是无谓的批评，我不应该为此产生消极的反应。

　　我不再将别人的批评视为是对自己整体价值的否定，而是理性地分析其内容，从中汲取有用的信息。在接下来的日子里，我不断调整自己，努力让自己处于最佳的状态。同样，我也在自己的记事本上记录了每天让自己引以为傲的"三件好事"。

　　就这样，一段时间后，我察觉到自己的信心越来越强，每天都能精神饱满地录制节目。与此同时，外界对我批评的声音也逐渐减少，喜欢我的听众越来越多。几乎每一天，我都能收到他们写给我的私信和留言，告诉我他们有哪些烦恼，取得了哪些进步。

我用我自己的经历告诉你，其实别人的批评并不可怕，可怕的是我们将其视为对自我价值的全面否定。如果我们无法正确地看待批评，就会陷入自我怀疑的漩涡，认为自己能力不足，从而影响我们的自信心。

当我们决定不再将自己的价值建立在他人的评价上，而是选择专注于内心的感受时，我们就开始走上了一条通往自信与内心平和的道路。正念可以帮助我们在这个过程中保持清醒。具体来说，这里有 3 个要点。

1. 识别批评的来源

在面对外界的批评时，我们首先要做的是识别批评的来源和意图。有些批评是善意的，是为了帮助我们进步，而有些则可能是出于嫉妒或无意识的伤害。如果我们能够学会分辨批评的来源，就能够更好地决定是需要吸收这些反馈，还是轻松地放下那些不必要的负担。

2. 专注于自己的内心

我们无法控制他人的看法，但我们可以专注于自己的内心。无论别人的评价是什么，有意还是无意，只要我们明确自己真正的需求和目标，就会感到更加自由和自信。正念教导我们将注意力从外界转向内心，帮助我们发现什么才是自己真正想要的，而不是一味迎合他人的期望。

3. 听取有价值的建议

遵从于自己的内心，并不意味着完全忽视他人的意见。有时候，别人的建议确实能够帮助我们看到自己的问题，从而想办法改进并提升自己。因此，我们需要在正念的指导下，学会辨别哪些建议是有价值的，哪些可以忽略。

通过正念，我们可以更客观地判断别人的建议是否值得采纳。如果这些建议能帮助我们成长，我们就应该虚心接受；如果这些建议带有偏见或并不符合实际情况，我们可以选择不予理会。这种选择性的接受方式，不仅能保护我们的信心，还能帮助我们在成长的道路上走得更稳、更远。

第七章

自我暗示，
增进快乐
和幸福感

真正的快乐与幸福感，往往并非来自外部环境的给予，而是源自我们内心深处那份坚定的信念。通过积极的自我暗示，我们可以培养一种积极的心态，帮助我们更好地面对生活中的挑战。无论面对何种困境，你都可以通过正念和自我暗示，提升内心的快乐和幸福感，走向更加充实的人生。

在心中种下希望的种子

希望深植于我们内心，它让我们在逆境中依然坚持不懈。它是一种信念，告诉我们无论目前的处境多么艰难，未来总有光明的一天。正如种子在寒冬中静静等待春天的到来，心中的希望让我们在困境中保持勇气，等待时机的转变。

当我们心中怀有希望时，面对挑战就会显得更加坚定。希望让我们

正念觉醒：别让你的情绪毫无价值

相信，事情总会好转，生活中遭遇的风暴终将过去。即使在看似无望的时刻，正是希望给予我们力量，让我们勇敢坚持前行。

要在心中播种希望，首先要学会拥抱变化。生活总是充满了未知和不确定性，而希望正是我们面对这些挑战的最佳伙伴。接受变化，从中寻找机遇，不因眼前的困境却步，如此，我们才能为未来播下希望的种子。

正念练习在此过程中起到了关键作用。通过正念，我们可以学会在当下的每一刻保持觉察，专注于此时此刻的感受，而不被过去的失落或未来的担忧所困扰。这样，当我们面对挫折时，能够更清晰地找到眼前的机会，并用一种平和的心态去迎接新的挑战。

例如，当我们面对挫折时，试着问问自己："在这个挑战中，我能学到什么？我如何在这个过程中变得更强大？"通过这种思考，我们能够将焦虑和恐惧转化为行动的动力，让希望在心中扎根。

张莉莉大学毕业后就留在了大城市里工作，她曾经对未来充满了期待。然而，一场突如其来的裁员让莉莉失去了工作，随后投出的简历也大多石沉大海般没有结果，这让她一时对生活失去了信心。她感到自己仿佛陷入了无底的深渊，前途一片黯淡。

这一天，莉莉在自己租住的小房间里整理旧物时，无意中发现了一本在大学时期记录梦想的日记本。她细细品味着上面的文字，字里行间充满了希望和激情，此时在她的心中渐渐涌起一种久违的力量。她开始认真地思考："我曾经对设计充满热情，为什么不试着重拾这一梦想呢？如果我想成为一名设计师，应该从哪里开始呢？"

　　在这本日记的启发下，莉莉决定重新开始，于是，她夜以继日地在网上自学设计软件。尽管在数月的学习过程中没有任何收入，但她十分坚定，并且每一天都感到十分充实和满足。随着她的设计水平不断提升，莉莉开始尝试为小企业设计标志和网站，其中一些作品得到了很好的反馈。

　　又过了一段时间，莉莉不仅重新找回了对设计的热情，也看到了自己未来的方向。她从每一次小小的成功中汲取力量，心中的希望之火逐渐燃烧起来。随着来找她做设计的客户日益增多，她毅然创办了自己的设计工作室。现在，她比以往任何时候都更加坚定和自信。

　　　　　　　　　正念觉醒：别让你的情绪毫无价值

通过莉莉的故事，你是否发现，无论身处何种困境，只要我们心中抱有希望，并用正念来引导自己的行动，就能够从黑暗中找到光明，从挫折中找到力量。希望就像一颗种子，埋藏在我们心灵的土壤中，当我们给予它足够的关注与呵护时，它就会生根发芽，绽放出生命的光彩。

希望不仅让我们对未来的憧憬，更让我们能够在当下勇敢前行。而正念，正是让我们在每一刻都能够专注于自己行动的关键。通过正念，我们能够学会将注意力集中在当下，真正感受生活中的每一个细节，不带有负面情绪地去积极思考，从挫折中找到机会，在困境中看到希望。

在我们每天的生活中，不妨运用正念来关注自己的每一个进步。无论是解决一个小问题，还是完成一项工作任务，这些看似微不足道的成就，都是我们内心希望的体现。正念帮助我们更清晰地看到这些小小的成功，从而不断积累内心的力量，让希望在我们的生命中生根发芽。

想象一下，当你每一天都充满了希望，面对工作和生活中的挑战时，你会以怎样的心态去应对？你不再因为失败而自怨自艾，而是学会从中汲取教训，找到解决问题的方法。你不再被过去的失误所困扰，而是专注于当下的行动，让每一天都变得充实而有意义。

一切都是很好的安排

生活中，我们常常会因各种不如意而产生抱怨，这些抱怨通常反映了我们对现实生活的不满，以及暴露出理想与现实之间的差距。比如工作压力大、付出与回报不成正比、人际关系复杂难处、经济压力不断增加、感情生活不顺利等，甚至生活中的一些小事，如天气不好、交通拥堵等，也可能引发我们的负面情绪。

我们常常会因为种种不如意而感到失望，甚至开始抱怨命运的不公。我们可能会经常质疑或发出感慨，为什么我这么努力却没有得到应有的回报？为什么生活中总是充满了挫折和困难？这种心态往往让我们陷入一种糟糕的情绪中，仿佛上天所有的安排都是在为难自己。

如果你经常陷入抱怨和不满的情绪中，那么你很容易变成一个怨天尤人的人。长期的抱怨不仅会让我们感到更加失望，还会让我们忽略生活中那些值得感恩和欣赏的部分。这样的心态就像是一种情绪毒药，慢慢侵蚀着我们的内心，让我们无法真正体验到生活的美好和快乐。

当我们总是专注于那些所谓不公平的地方时，我们的思维就会陷入一个恶性循环，越是抱怨，就越会感到生活的不公平，越是感到不公平，就越容易抱怨。这种循环不仅侵蚀着我们的心情，还会让我们错失许多潜在的机会，因为我们常常感到自己深陷无望的境地，无法看到眼前的美好和前方的光明。

然而，正念让我们以不同的视角来看待这些不如意。生活中的每一次挑战或挫折，或许都隐藏着某种积极的意义，只要我们愿意放下抱怨的心态，用开放的心去接纳它们，我们就会发现，所有的经历都是为了让我们更好地成长。

如果你还是觉得生活对你不公，那么不妨看看下面这个人的经历：

尼克·胡哲出生于 1982 年 12 月 4 日，患有一种罕见的先天性疾病，叫作海豹肢症，这导致他一出生就没有四肢。是的，你听的没错，他生下来就没有胳膊和腿。

尼克的出生，给他的家庭带来了巨大的挑战。他的父母在医院看到他时，心中充满了震惊和痛苦。医生告诉他们，尼克可能一辈子都无法过正常人的生活，甚至连简单的日常活动都无法独立完成。然而，尼克的父母并没有因此放弃，而是选择了坚强，并决心为他创造一个充满爱的环境。

小时候，尼克也曾经经历过自卑和绝望。他无法像其他孩子那样奔跑、玩耍，甚至连简单的事情都需要依赖别人来完成。在学校里，他常常受到同学的嘲笑和欺负，这让他感到孤独和无助。年幼的尼克甚至一度对生活失去了信心，觉得自己一无是处，没有希望。

随着年龄的增长，尼克渐渐明白，生活并非只是外在的形态，更重要的是内心的力量和信念。他开始寻找自己的价值，发现自己并不比别人差，只是上天给了他不同的人生道路。他开始学会如何用自己有限的身体去完成一些看似不可能的事情，比如学习游泳、踢足球，甚至弹奏乐器。

在他十几岁的时候，尼克的生活发生了转变。他意识到，虽然自己身体残缺，但他的内心可以变得无比强大。尼克决定不再为自己的身体限制而苦恼，而是要用自己的经历去激励更多的人。他开始学习演讲，分享自己的故事，告诉人们："一切都是很好的安排。"

通过不懈的努力，尼克·胡哲成为一位国际知名的励志演讲家和作家。他的演讲充满了力量和激情，他用自己的故事告诉人们，生活中的每一个挫折和挑战，都是让我们变得更强大的机会。尼克相信，只要心中有爱，有希望，我们每个人都可以战胜困难，活出属于自己的精彩人生。

如今，尼克·胡哲不仅拥有成功的职业生涯，还拥有一个美满的家庭。他的妻子和孩子们给了他无尽的支持和力量。尼克用自己的亲身经历证明了，"一切都是很好的安排"，他用行动告诉世界：无论生活多么艰难，只要我们不放弃希望，坚持信念，就一定能在逆境中找到光芒。

一个天生没有四肢的人，都可以活得如此精彩，那么健康的我们又有什么资格去随便抱怨那些所谓的不公平呢？我们无法改变自己的出身和天赋，但我们可以选择如何面对生活中的挑战。只要我们心中怀有希望和坚定信念，一切都会是很好的安排。

通过正念的练习，我们可以学会不再将注意力集中在生活的"不公平"上，而是去发现其中隐含的美好安排。每当遇到挫折时，我们可以问自己："这个经历能带给我什么教训？我能从中实现怎样的成长？"如此，我们就能够在生活的每一个角落中播种希望的种子，最终收获更多的快乐和幸福。

通过改变思维方式，停止抱怨，专注于生活中的积极面，我们将不再被不如意所困扰，而是能够轻松面对生活中的挑战。记住，一切都可能是很好的安排，只要你愿意用心去发现和理解。

面对挫折，对自己说一声"不要紧"

如果挫折和困境不能避免，有什么办法能够帮助我们保持内心的平和呢？这里有一个简单的方法，就是告诉自己"不要紧。"

"不要紧"这三个字，看似简单，却蕴含着一种深刻的自我安慰与鼓励的力量。这句话并不意味着我们要忽视问题或逃避现实，而是让我们意识到，眼前的困难并不是无法克服的。通过这样一种积极的自我暗示，我们能够迅速调整心态，不被情绪所左右，从而更清醒、更有条理地去解决问题。

面对挫折时，情绪的波动往往会让我们失去冷静，甚至让问题显得比实际更加棘手。此时，如果能对自己说一声"不要紧"，我们实际上是在为自己创造一个缓冲的空间，让汹涌的情绪得以平复。这种自我对话的形式有助于我们重新审视所处的困境，提醒自己：无论当前的状况多么艰难，事情总会有解决的办法，而我们也完全有能力应对这些挑战。

陈杰是一位充满理想和激情的创业者，他的公司在一开始发展得顺风顺水，团队充满了活力，项目进展也十分顺利。然而，随着市场环境的变化，公司逐渐陷入困境，资金链紧张，客户流失严重。面对这一切，陈杰感到巨大的压力和沮丧，仿佛一切的努力都将付诸东流。他开始变得焦虑不安，夜不能寐，常常自责是不是因为自己的决策失误造成了今天的局面。

在妻子的建议下，陈杰决定尝试通过正念来缓解内心的焦虑。每天清晨，他都会花上几分钟时间进行冥想，专注于自己的呼吸，努力将注意力从外界的纷扰中抽离，转向内心的平静。在冥想的过程中，陈杰学会了对自己说"不要紧"，并不断提醒自己："一切都会好起来的。"

起初，这种练习对他来说并不容易。面对巨大的现实压力，简单的几句安慰似乎无法真正抚平他内心的波澜。但陈杰坚持了下来，他发现，随着时间的推移，这种自我对话渐渐产生了效果。每当他在正念冥想中对自己说"不要紧"时，内心的焦虑感便会有所缓解，他开始能够冷静地思考问题，而不是被情绪所左右。

陈杰逐渐认识到，创业的道路从来都不是一帆风顺的，每一次的挫折和困难都是成长的契机。他学会了放下对失败的恐惧，以更加从容和积极的心态去面对当前的挑战。正念帮助他明白，情绪的波动是暂时的，而真正重要的是如何在这些波动中找到内心的平静和力量。

在这种心态的支撑下，陈杰重新审视公司的现状，并带领团队进行了全面的调整。他们重新定位了市场，优化了产品线，最终使公司逐步走出了困境。而在这个过程中，陈杰也发现，自己不仅在商业上取得了更大的成功，更重要的是，他在内心深处找到了更强大的力量和自信。

通过陈杰的经历，我们可以看到，面对挫折时，对自己说一声"不要紧"，不仅是一种心理安慰，更是一种积极的自我引导。它让我们从情绪的泥潭中抽离出来，以更理性的态度去面对挑战。正念练习可以进一步增强这种效果，帮助我们在情绪波动时保持冷静。

下一次，当你遇到挫折时，不妨试着对自己说一声"不要紧"。相信自己有能力克服当前的困难，正如正念所教导的，将注意力集中在当下的行动上，而不是被情绪牵着走。这样的心态不仅能够帮助你走出困境，还能让你在面对未来的挑战时，变得更加自信和从容。

远离消极的心理暗示

你是否曾有过这样的经历：当你刚刚学会骑自行车时，心里特别紧张，一直默念"别撞上，别撞上"，结果却偏偏还是撞上了；或者在参加重大考试时，虽然自己不停地安慰自己"别紧张，别紧张"，可考试一开始，脑子里却一片空白。

当我们反复告诫自己"别犯错"时，潜意识里其实是在强化"我会犯错"的想法。我们的思维习惯会把注意力集中在那些我们想要避免的事情上，而不是我们真正希望实现的目标。这就像是我们的大脑在追随这些消极的指令，将其变成现实。

消极的自我暗示是一种极为普遍的心理现象，它常常在不经意间悄然产生，有时甚至我们自己都未必意识到其存在。它们的威力在于，能够潜移默化地影响我们的情绪和行为，进而影响我们的生活质量和幸福感。长此以往，消极的暗示不仅会让我们丧失信心，还会让我们变得更加焦虑，甚至形成一种恶性循环。

　　小琪是一位年轻的职员，每当面对上司交办的重要任务时，她总会情不自禁地告诉自己："这次不能再出错了，一定要做到完美。"然而，每次她越是这样想，就越容易在工作中犯些小错误。结果，任务不仅完成得不如人意，她自己也因为压力和焦虑而感到疲惫不堪。渐渐地，她开始对自己产生怀疑，觉得自己是不是不够优秀，无法胜任这份工作。

　　这样的情景其实并不少见，当我们反复进行消极的自我暗示时，就

　　　　　　　　　　正念觉醒：别让你的情绪毫无价值

如同给自己设置了一个看不见的障碍。即便我们已经具备了完成任务的能力，但在消极暗示的影响下，潜意识会拖慢我们的行动，甚至让我们因为过度紧张而失误。

如何摆脱这种消极暗示的困扰呢？答案就在于转变我们的思维方式，用积极的心理暗示来替代消极的念头。

首先，识别消极暗示是关键的一步。我们需要学会觉察自己的思维，一旦发现自己开始进行消极的自我对话，就要立刻意识到它并进行干预。比如，在考试前，如果你发现自己紧张地反复念叨"别紧张"，那么试着

把这句话转化为"我已经为考试做好了充分的准备，我可以冷静应对"。

其次，正念练习可以帮助我们更好地调整自我暗示。通过冥想和深呼吸，我们可以让自己回归当下，减轻焦虑情绪，进而为自己创造一个平和的内心环境。在这样的状态下，我们更容易形成积极的心理暗示。

最后，积极的自我对话能够帮助我们建立正向思维。每天早晨起床时，可以对自己说："今天会是美好的一天，我会尽力而为。"在面对挑战时，可以对自己说："这次我会做得很好，因为我相信自己的能力。"这些正面的心理暗示不仅能提升我们的自信，还能让我们以更加积极的态度面对生活中的各种挑战。

通过这些方法，我们可以逐渐远离消极的心理暗示，培养更加健康的思维方式。当我们学会用积极的暗示来引导自己时，生活中的挫折和挑战就不再是不可逾越的障碍，而会转变为通向成长与成功的阶梯。

与其抱怨，不如改变自己

一个令人不得不面对且令人感到无奈的事实是，生活并不总是按照我们的愿望来发展。他人的脾气、行为方式，甚至外界的环境，都是我们难以轻易改变的现实。例如，你的老板可能天生就脾气急躁，你的同事或许因为性格使然，说话总是直接且不留情面，你的孩子可能打小就对学习缺乏兴趣，而你的爱人则可能在生活习惯上与你完全不同。

面对这些无法改变的现实，有些人选择抱怨，但抱怨只能带来更多的烦恼，却无法真正解决问题。抱怨固然能让我们在短时间内释放情绪，但长期来看，它不仅无助于问题的解决，反而会让我们陷入一种负面的情绪循环。

与其将精力浪费在无谓的抱怨上，不如学会接纳现实，并积极寻找那些能够改变之处。生活中有许多事情是我们无法掌控的，这些因素可能会带给我们压力和困扰，如果我们改变不了这些客观存在的事实，可以选择改变对它们的反应方式。

首先，我们可以借助正念的力量来调整自己的心态。比如，当你面对一位脾气暴躁甚至经常出言不逊的上司时，正念可以帮助我们不被对方的情绪所左右，而是专注于自己的工作质量和个人成长；又或者，当同事说话直接不留情面时，我们可以选择不将这些话语放在心上，而是理解每个人都有自己的表达方式，并不一定是针对我们个人。

更进一步，当我们能够停止抱怨，保持内心的平和之后，我们还可以通过改变自己的思维和行为，来帮助自己更好地适应客观的环境，或许会有意想不到的惊喜。下面这个被广为传颂的真实案例或许能够带给你一点启示。

在美国西雅图，有一个名叫派克的鱼市场，这里的鱼贩们每天都在臭气弥漫的环境中工作，心情自然也不太好。他们常常抱怨工作的枯燥和环境的恶劣，觉得自己的日子毫无乐趣可言。

然而，这些鱼贩们逐渐意识到，单凭抱怨并不能改变现状。他们明白，自己如果继续沉溺在负面的情绪中，只会让工作变更加枯燥乏味。

于是，鱼贩们决定转变心态，尝试用全新的视角来看待自己的工作。他们开始在卖鱼时注入更多的热情与活力，用灿烂的笑容迎接每一位顾客，并努力让工作氛围变得轻松愉快。

他们不再仅仅是卖鱼，而是将整个市场变成了一个充满欢乐的场所。鱼贩们开始大声吆喝，彼此间打趣逗乐，甚至在顾客面前进行抛鱼表演，给整个市场增添了不少乐趣。渐渐地，这种积极向上的态度感染了周围的每一个人，来这里买鱼的顾客也被他们的热情所吸引，纷纷加入了这场别开生面"卖鱼秀"中。

市场中笑声不断，鱼贩们通过这种方式不仅改善了自己的工作环境，还重新找到了工作的乐趣和意义。派克鱼市场因此声名远扬，成为西雅图的一道独特的风景线。那些曾经抱怨连连的鱼贩们，也因为心态的转变而让自己的工作和生活焕然一新。

派克鱼市场的成功足以说明，改变自己比试图改变他人或环境更为有效。鱼贩们通过转变心态，将日常枯燥的工作变成了一场欢乐的表演，不仅提升了工作效率，也吸引了大量顾客。他们不再只是卖鱼，而是通过创造愉快的氛围，让工作变得充满乐趣与意义。这种态度的转变，不仅改善了他们的生活质量，还为市场带来了商业上的成功。

我们在生活中也可以借鉴这种心态，面对那些无法改变的现实，与其抱怨和抵抗，不如通过正念接纳它们，并从中积极寻找可以改变的方面。通过这样的方式，我们可以更好地与这个世界相处，而不再怨天尤人。

做个善于奖励自己的人

在我们小时候，是不是时常有这样的经历：当你在考试中取得不错的成绩时，父母会给予你一定的奖励作为鼓励。无论是一件小玩具，还是一点零花钱，甚至是几句真诚的赞美，都会让你的心情变得非常愉快，让你在接下来的一段时间里更有信心和积极性去学习。

　　但是，当我们长大之后，特别是进入社会，却发现得到别人肯定或奖励的次数越来越少。很多人的想法仅仅停留在"只要不犯错误就好"。我们害怕失败，害怕被批评，害怕自己达不到别人或自己的期望。在这样的心态下，许多人开始忽略自我奖励，甚至忘记了如何欣赏自己的努力和成就。这其实对我们的成长非常不利。

正念觉醒：别让你的情绪毫无价值

没有积极的心理反馈，我们的生活和工作可能会变得单调乏味，内心也可能会因此变得更加焦虑和不安。其实，在这个时候，如果我们能学会自己奖励自己，重新找回那种童年时的愉悦感，或许你的心情和人生态度就会截然不同。

为什么奖励自己如此重要呢？

首先，自我奖励是一种自我肯定的方式，当我们完成了一项任务，克服了一次困难，或者达成了一个目标，适时地奖励自己，是对自己努力的一种肯定。它不仅可以帮助我们增强自信，还能让我们感受到成就感和满足感。这种正面的心理反馈，会激励我们在未来的挑战中更加坚定和自信。

其次，自我奖励能够帮助我们缓解压力。成年人的生活充满了各种责任和义务，长时间的紧张和压力会让我们感到疲惫不堪。适时的自我奖励，无论是物质上的还是精神上的，都是对我们身心的一种调节和放松。它可以让我们短暂地远离压力，重新恢复能量，更好地迎接挑战。

最后，自我奖励可以提升我们的内在动力。没有奖励的生活会让我们感到乏味和无趣，久而久之，我们的内在动力会逐渐消失。通过自我奖励，我们可以不断给自己注入新的动力，让生活中的每一个小目标都变得充满意义和乐趣。

既然自我奖励的好处这么多，我们如何成为一个善于奖励自己的人？这里我给大家列举了一些实用的策略：

1. 设立合理的奖励机制

给自己设定一些小目标，并为每个目标设立相应的奖励。比如，当你完成了一周的工作任务，可以奖励自己一个周末的短途旅行；当你成功完成了一项复杂的项目，可以奖励自己一顿美味的晚餐。这样的奖励不仅是对自己努力的肯定，也会让你在未来的工作和生活中更加积极。

正念觉醒：别让你的情绪毫无价值

2. 多样化奖励方式

奖励自己不一定是昂贵的物质享受，精神上的满足同样重要。可以是一场心仪的电影、一段独处的时光，或者一本期待已久的书。多样化的奖励方式可以让你在不同的场合中找到不同的满足感。

3. 及时奖励，增强效果

不要等到完成一个很大的目标后才给自己奖励，你应该为自己的每一个小成就设立即时的奖励。这样不仅能够增强自信心，还能让你在每个阶段都保持积极的情绪。

4. 与他人分享你的成就

有时候，将自己的成就和奖励与朋友或家人分享，能获得更多的正面反馈和支持。你会发现，分享不仅会让你的奖励变得更加有意义，还能在你周围形成一种积极向上的氛围。

活在当下，我们不要总是苛责自己，也不要只满足于"不犯错误"就可以，而要学会肯定自己、欣赏自己，为自己的每一个小小成就喝彩。无论你处在什么样的阶段，都不要忘记给自己一些奖励，让生活充满更多的欢乐和意义。

每一天都值得尊重

很多时候，我们过着平凡的日子，却总觉得生活缺乏激情和幸福感，仿佛一切淡如白水。其实，生活的质量并不完全取决于外界的条件，更大程度上，它取决于我们用什么样的态度去感知和体验它。

生活中的每一天，尽管看似平凡，却都蕴含着深刻的意义。无论是快乐、痛苦还是平凡的一天，每一天都为我们提供了成长、学习和爱的宝贵机会。尊重每一天，就意味着我们应该珍视并充分利用当下的时光，不因过去的遗憾或未来的担忧而忽略了现在的美好。学会在日常琐事中发现幸福的瞬间，这是我们通向内心平静与满足的重要途径。

你有没有想过，生活中的每一天，哪怕是最平淡无奇的日子，都是独一无二的。我们可能会习惯于埋怨生活的单调，认为只有重大事件或成功时刻才值得珍惜。然而，正是在那些看似平凡的日子，让我们的生命逐渐丰富，我们的性格慢慢得以塑造。尊重每一天，不仅仅是为了生活的仪式感，更是为了提醒自己：生命中的每一刻都有其价值。

慧妍是一位全职母亲，每天的生活似乎都在重复中度过——打扫卫生、照顾孩子、为家人准备三餐。日复一日的琐事让她感到自己的生活仿佛陷入了无尽的循环，失去了意义和色彩。她经常感到疲惫和迷茫，怀疑自己的生活是否真的有价值。

这一天早上，慧妍忽然突发奇想，给孩子们烘焙了比萨，她发现孩子们吃得津津有味，脸上洋溢着满足的笑容。慧妍好奇地问："妈妈做

的比萨好吃吗？"孩子们竟然异口同声地回答道："好吃！妈妈做的比萨最好吃了！"慧妍笑着说："那你们爱妈妈吗？"孩子们大声地答道："爱！"

那一刻，慧妍突然意识到，这些看似平凡的日常家务，其实蕴含着对家人的深深关爱。她的付出不仅维系了家庭的温暖，更在孩子们的成长过程中起着举足轻重的作用。

这一发现让慧妍的心态发生了巨大的转变。她开始明白，每一个早晨都是一个新的起点，她的努力正在为家人创造幸福。虽然生活中的每一天过得都很平凡，充满了重复，但这些平凡之中蕴含的爱与关怀是无价的。慧妍不再觉得生活枯燥无味，而是学会了在日常的点滴中找到内心的平静与满足。通过这样的转变，她重新找回了对生活的热爱，理解了每一天都值得被尊重和珍惜的真正含义。

慧妍通过孩子们的笑脸和简简单单的问答，重新找回了对生活的热爱。她明白了，尽管生活中充满了重复的日常事务，这些平凡之中却蕴

正念觉醒：别让你的情绪毫无价值

含着深深的爱与关怀。这种转变让她能够从容地面对生活中的各种挑战，并在其中找到内心的平静与满足。

在我看来，生活的质量不完全取决于外在条件，而更多在于我们如何看待和感受日常的每一个瞬间。通过正念，我们能够更深刻地感受到生活所带来的意义。当你能够以一种平和的心态去迎接每一天时，你会发现，每一天都为我们带来新的体验和学习的机会，尊重这些瞬间，就意味着我们在为自己创造一个更加充实和有意义的人生。

不是每一天都会有激动人心的事件发生，但正是在这些平静的日子里，我们积累了幸福、成长和爱的点滴。通过关注日常琐事中的细微之处，我们能够发现生活中的美好，从而让自己感到更幸福、更充实。

正如一位作家所说："生活是一面镜子，你对它笑，它就对你笑；你对它哭，它就对你哭。"让我们学会尊重每一天，学会感恩与微笑，让每一天都充满意义与光彩。

第八章

正念沟通：
建立和谐的
人际关系

在人际交往中，我们总是渴望和谐与理解，但这往往并非易事。正念沟通为我们提供了一条通往更加和谐人际关系的道路，它倡导真诚、同理心和谦逊，使我们在与他人交流时更加尊重对方的感受与立场，从而也更容易让我们赢得他人的尊重与理解。

你无须讨好每个人

我们从小就被教导要做一个"好孩子"，要听话、乖巧、讨人喜欢。这种观念深深植根于我们的心中，导致我们在成年后仍然难以摆脱这种"取悦他人"的行为模式。我们害怕拒绝别人的请求，担心因此而失去友谊或事业上的机会。我们渴望通过讨好他人来证明自己的价值，希望通过别人的认可来填补内心的空虚。

讨好他人的行为看似无害，甚至会在短期内带来一定的好处，比如，获得他人的好感或认可。但从长期来看，这种行为却可能带来许多负面影响。

首先，持续讨好他人会让我们逐渐失去自我，因为我们把他人的需求放在了自己的需求之上。久而久之，我们可能会感到自己迷失了方向，不知道自己真正想要的是什么。

其次，讨好行为往往会使我们与他人的关系向不健康的方向发展。当我们总是试图迎合他人时，关系中的平衡被打破。我们可能会开始压抑自己的情感，避免表达真实的想法和感受，以免引发冲突。这不仅让我们感到疲惫，也会让他人对我们的真实需求和感受毫无察觉，从而导致关系变得表面化和脆弱。

琳达是一个温柔的女孩，与男友在一起时，她总是优先考虑对方的需求和喜好，而忽略自己的感受。每当男友想要做一些她不喜欢的事情时，即使内心并不情愿，琳达也都会为了讨好男友感到开心而顺从。久而久之，这种行为让她在恋爱中失去了自我，使关系变成了她的单方面付出。

正念觉醒：别让你的情绪毫无价值

　　由于她一味地迎合男友的需求，男友逐渐习惯了这种不对等的关系，认为琳达理应满足他的所有要求，而不需要考虑她的感受。尽管琳达内心感到不满和委屈，但担心表达出真实感受会破坏这段感情，她依然选择隐忍。

　　然而，这种不平衡的关系最终让琳达感到极度疲惫。她发现自己再也无法继续这种无休止的讨好行为，因为这种单方面的付出并没有换来她期望中的理解和关爱，反而让她觉得自己被忽视和不被尊重。最终，由于缺乏平等和真诚的沟通，这段关系走向了破裂，琳达也深刻意识到，讨好他人并不能维持健康的关系，反而可能让自己陷入更深的情感困境。

在上面这段恋爱关系中，琳达总是一味地讨好男友，结果让原本平等的恋爱关系变成一种不平衡的关系，最终走向破裂。由此可见，通过讨好别人来维护关系，可能会让关系失去原本健康的色彩。

最后，讨好他人往往会导致我们内心的焦虑和不安不断累积。当我们为了讨好他人而勉强自己时，内心的矛盾和压力会逐渐增大，最终可能导致情绪的崩溃或引起健康问题。我们需要意识到，讨好他人并不能给自己带来真正的幸福，反而会让我们更加远离内心的平静和满足。

讨好别人并不能帮你构建真正和谐平等的人际关系，反而会增加你的情绪问题。那么，如果你已经习惯于讨好别人的社交模式，如何才能从中走出来呢？

1. 拥抱真实的自己

停止讨好他人的第一步，是接纳真实的自己。无论你是怎样的性格、有什么样的喜好，都应该得到尊重。你不需要为了迎合他人的期望而改变自己。做自己，你会发现，生活中有更多的空间让你感到自在和快乐。

2. 学会说"不"

拒绝并不意味着你是一个不友好或自私的人。学会说"不"是维护

自我边界的重要一步。当你感到不舒服或不愿意接受某个请求时，不要勉强自己去迎合他人。勇敢地表达你的真实想法，真正关心你的人会理解并尊重你的选择。

3. 认识到你的独立性

正如我们在之前说到的那样，你自己的价值并不依赖于他人的认可。

每个人都有自己的独特之处和内在价值，我们不需要通过讨好他人来证明自己。学会欣赏自己的优点，接受自己的不足，才能建立起真正的自信。

4. 关注自己的内在感受

正念练习可以帮助我们更好地觉察自己的内在感受，减少对外界评价的依赖。当你感觉到自己陷入讨好的行为模式时，停下来做深呼吸，感受当下的情绪，问问自己："我这样做是为了什么？我真正想要的是什么？"通过正念，我们可以逐渐找到内心的平衡，不再被他人的期望所左右。

总之，我们每个人的内心都渴望被理解、被接纳，但这并不意味着我们必须通过讨好他人来获得这些。学会欣赏自己的价值，建立健康的自我边界，才能真正获得内心的平静和满足。记住，你不需要讨好别人，勇敢地做你自己、做真实的自己，才是通往幸福的最佳途径。

充分理解"每个人都不同"

在社交过程中，我们经常会遇到与我们思维方式、行为习惯截然不同的人。理解并接受这一点，是建立和谐人际关系的重要前提。每个人都会受成长环境、文化背景、教育程度等因素影响，从而形成自己的思维方式和习惯，这使得每个人都会展现出独特的个性和风格。

例如，有些人可能说话直率、不善修饰，他们的言辞表达可能显得生硬，甚至听起来有些刺耳。然而，这并不意味着他们对你有恶意，更多时候，这只是他们表达自我的一种独特方式。在面对这种情况时，我们需要意识到，世界上没有两片完全相同的树叶，同样，每个人的言行背后都有其独特的原因和动机。

理解每个人的不同，首先需要我们放下对他人的期望与偏见，不以自己的标准去评判他人，而是学会从对方的角度去看待问题。这样做不仅可以减少误会，还能让我们更深层次地理解和尊重他人。

在一家化妆品制造企业中，刘莎是一位创意总监，她性格温和，喜欢以一种委婉而不失幽默的方式表达意见。在团队管理中，她总是用鼓励和表扬来激励成员，因为她相信这种方法最能激发大家的创造力。不过，她的新同事陈梦却截然不同。陈梦是一位经验丰富的市场总监，她性格直率，习惯于在会议上直接指出问题核心，言辞有时显得颇为尖锐。

起初，刘莎对陈梦的这种风格感到很不适应。她觉得陈梦在团队讨论中过于强势，常常打断他人的发言，并直接指出错误，导致团队气氛变得异常紧张。几次在会议后，刘莎感到很不愉快，甚至开始质疑与陈梦的合作是否能顺利进行。一时间，两人的关系变得有一些紧张，空气中弥漫着"火药味儿"。

不过，在陈梦入职半年后，刘莎发现公司的市场部发生了令人惊喜的变化，不仅市场活动做得有声有色，而且产品销售业绩也有了很大提升。刘莎开始冷静思考，或许陈梦的直率并不是针对个人，而是她独特的工作风格。她意识到，陈梦的直率是为了提高工作效率，希望团队能

够快速识别并解决问题，而不是浪费时间在不必要的修饰上。这种觉察让刘莎开始反思自己，是否也需要从陈梦身上学习，如何在关键问题上表现出直接和果断。

于是，刘莎尝试改变自己的态度。她在会议上不再把陈梦的直接批评视为个人攻击，而是专注于其建设性的一面。同时，她也开始与陈梦进行更多的私下交流，努力理解她的想法和工作方式。陈梦感受到刘莎的开放态度，也逐渐放下了戒备，两人开始建立起一种基于互相尊重和学习的合作关系。

这种转变不仅改善了刘莎与陈梦的合作关系，还让刘莎从陈梦身上学到了新的沟通方式。团队的凝聚力和工作效率也因此得到了显著提升，在接下来的项目中她们配合更加默契和高效。

通过这个例子我们可以看到，当我们意识到每个人的不同，并学会尊重这些差异时，沟通中的摩擦会大大减少。我们不必在每一次交流中都要求对方符合我们的期待，而是要学会包容和接纳。

当然，理解每个人都不同，并不意味着我们要无条件地接受他人的行为。如果对方的言辞确实让我们感到不适，我们可以通过恰当的沟通方式，表达自己的感受，寻求相互理解与尊重。但在沟通之前，最重要的是保持心态的开放，避免因为一时的不悦而产生对立情绪。

理解每个人的不同，在遇到不同观点时不急于反驳，保持开放的态度，这是我们建立和谐人际关系的关键。通过正念，我们可以更加平静地面对不同的声音，学习从他人的角度看待问题，进而培养出更为宽广的胸怀。

每个人都有自己独特的思维方式与习惯，这正是人类社会多样性和丰富性的来源。理解并接纳每个人的不同之处，才能让我们的社交生活更加顺畅和谐。

感受他人的感受

我们常常会在不同的场合与各种各样的人打交道。与他人建立良好的关系，不仅仅需要掌握一定的沟通技巧，还需要我们运用好同理心，这是一种能够从对方的角度出发、感受他们内心世界的能力。

想象一下，当你面对一个情绪低落的朋友时，只是单纯地用理性的分析去安慰对方，往往效果不佳；但如果你能真正感受到他的痛苦，与他一起分担一份沉重的情感，你们之间的关系一定会变得更加紧密。

同理心的力量在于它能够让我们与他人产生共鸣，无论是朋友、家人，还是陌生人。当我们设身处地为他人所想，感受他们的情感与需求时，就能在彼此之间产生出一种深层次的联系。

这种联系不仅可以消除人际关系中可能出现的紧张感，而且还能够在沟通中建立信任和理解，增强彼此之间的亲密感。

例如，在家庭中，当孩子考试成绩不理想而感到沮丧时，家长应该运用同理心理解孩子的失落感，而不是简单地批评或要求他"下次考得更好"。在这种同理心的帮助下，父母与孩子之间的关系会更加亲密，而孩子在得到父母的理解和支持后，自信心也会大大增强。

在职场中，同理心同样也发挥了重要作用。一个团队的领导者如果能够理解每个成员的挑战和压力，就能够更好地激励团队，促进合作。例如，当某位员工因家庭事务而表现不佳时，领导者的同理心可以让他感到被理解，从而重新激发他的工作热情。

即使是与陌生人交往时，同理心也能带来积极的影响。比如，当我们在公共场合遇到某人表现出急躁或不耐烦时，尝试从他们的角度去理解他们的情绪，我们可能会发现对方正在经历某种困难。这种理解使我们在回应时更加敏锐，从而有助于避免冲突。

你可能会认为，理解他人的感受是一件很容易的事，实际上，运用真正的同理心理解他人并不是人人都能做到的。同理心不仅要求我们关注对方所说的话，还要求我们关注他们的表情、语气和情绪变化。只有做到这种深层次的关注，才能让我们超越表面，真正进入对方的内心世界，让他们愿意打开心扉，更多地表达和分享真实的一面。

奥普拉·温弗瑞是美国家喻户晓的脱口秀节目主持人，她以卓越的采访技巧和深刻的同理心闻名于世。她在采访名人时总能展现出对对方感受的深刻理解和尊重，这是她真正的成功秘诀。举个具体的例子，在她与著名演员汤姆·克鲁斯的一次采访中，奥普拉就展现了这些特质。

汤姆·克鲁斯作为娱乐圈的人物，他的个人生活常常成为媒体关注的焦点，特别是他的感情生活——他曾经有几段高调的感情关系，包括与几位知名女演员的婚姻，例如妮可·基德曼和凯蒂·赫尔姆斯等。

而在这次采访中，奥普拉小心翼翼地探讨了这个话题，她并没有直接刺探或质疑他的私生活，而是以一种更加柔和的方式提出问题。她的语气温柔，提问时充满了同情和理解，使汤姆备感舒适。

在采访的过程中，奥普拉特别注意汤姆的反应和情绪，随时准备调整话题以避免让他感到不适。这种对对方情绪的敏感和尊重，使得整个采访流畅而深入，汤姆也因此分享了更多的个人情感感受。

这次采访不仅再次证明奥普拉作为一个杰出主持人的卓越能力，还展示了她在沟通中考虑别人感受的素养。奥普拉的这种方式不仅能使被采访者感到舒适，还能帮助观众获得更真实、更深层的理解。

奥普拉的成功之处就在于充分地运用了同理心，通过这种温暖而真诚的方式，让每一位采访对象都能敞开心扉，传达出真实的情感，这也是她广受观众喜爱的重要原因。

同理心不仅是一种理解他人的工具，也是一种自我成长的途径。通过真诚地感受他人的情感，我们可以加深对人性复杂性的认识，理解到每个人都有其独特的经历和感受。这样的理解不仅能帮助我们建立与他人更紧密的联系，也让我们在沟通中变得谦逊和宽容。

掌握同理心的方法

与人交流时，如果我们缺乏同理心，就很容易陷入自我的局限，无法真正理解对方的需求与感受。相反，当我们能够感同身受时，便能与他人形成更深层次的理解和连接，这种连接能够化解许多潜在的冲突，也能增强我们与他人之间的信任与合作。

同理心既然对我们的人际关系这么重要，那么，我们应该如何真正掌握和运用好这种能力呢？这里有 4 个方法你应该做到：

1. 学会用心去倾听

倾诉，是同理心的基础。真正的倾诉，不只是听对方说话，而是要用心去倾听，去理解对方内心的情感和动机。倾诉时，你需要放下自己的偏见，即使对方的话可能并不令人兴奋，甚至可能很无趣，但你要专注于对方所表达的内容，并通过眼神交流、点头示意等方式，向对方发出我们的关注和理解。

2. 正念练习，关注焦点

在与他人沟通时，通过正念练习，我们可以更好地集中注意力，不受周围环境的干扰。当我们完全沉浸在当下的交流中，与对方真诚相待，我们才能更深入地了解他们的情感变化，感知他们的内心世界。

3. 放下自我的立场

在与他人发生矛盾或争执时，尝试暂时放下自己的立场，从对方的角度去思考问题。这种换位思考的能力，也是培养同理心的重要方式。通过站在对方的立场上思考，我们可以更好地理解他们的感受，从而减少冲突，促进相互理解。

4. 感受他人的情绪

在人与人沟通中，语言有时并不能表达全部情绪。通过观察对方的表情、肢体语言和说话语气变化，我们可以更好地察觉他们的情绪波动。当我们感受到对方的情绪时，可以尝试与他们分享这些感受，例如："我注意到你刚刚提到这件事，似乎有点不安。"这样的表达不仅能让对方关注我们的关注，也能促进双方的情感交流。

下面这个案例中，一位母亲通过运用同理心而觉察到了女儿的情绪变化，并及时帮助女儿缓解了情绪问题。

　　一位工作忙碌的母亲，经常需要加班到很晚才能回到家。她总觉得上中学的女儿很乖巧懂事，没有什么问题需要她帮助。不过最近一段时间，她开始注意到女儿的一些情绪变化：女儿不再像以前那样兴高采烈地与她分享学校的趣事，而是变得沉默寡言，甚至有时有些茫然或烦躁。

　　一天晚上，这位母亲像一位朋友一样，坐在女儿的旁边，温柔地问她最近是不是遇到了什么烦心的事。女儿勉强一笑说："没什么，就是学习有点累。"虽然女儿表面上并没有透露太多，但这位母亲敏锐地注意到，女儿在说话时的眼神在躲闪，语气也变得有些迟疑。这让她意识到，女儿可能隐藏着深层次的情绪。

这位母亲回想起自己最近因为工作繁忙，忽视了女儿的情感需求，内心充满了愧疚。于是，她温柔地对女儿说："宝贝，我注意到你最近有些不开心，是不是有什么事情在困扰你？妈妈虽然工作很忙，但我一直很关心你，愿意听你说。"女儿被母亲真诚而温柔的话所触动，把积压在心底的焦虑与压力一下子倾诉了出来。

通过倾听女儿的诉说，这位母亲终于明白，女儿在学校不仅遇到了巨大的学习压力，而且还经常遭到班里同学的嘲讽，同时，她也因为母亲经常忙于工作而感到孤独。直到此时这位母亲才意识到女儿的情绪早已出了问题，而自己每天忙于工作，几乎完全忽视了对女儿的关心。

经过这次谈话，这位母亲决定无论工作再忙，也要每天与女儿一起散步、聊天，帮助她缓解焦虑和压力。一段时间后，女儿的情绪有了很大好转，母女之间的关系也更为亲密。

就像这位母亲所做的那样，在沟通中应用同理心，你可以更充分地理解对方的语言、情绪和行为，让对话变得更加高效和富有意义。当我们能够真正站在对方的立场上思考问题，倾听他们内心的声音时，我们的沟通就不仅仅停留在表面，而是能触及更深层次的信任与理解。

在你日常的沟通中，不妨也试着将同理心付诸实践。通过专注的倾听，放下自己的立场，更深入地理解他人的感受，你将发现自己与他人的关系会变得更加紧密和有意义。

透过真诚，建立连接

真诚是人与人之间最基本的沟通要素，它能让对方感受到你的尊重和信任。当我们在交流中表达真实的感受，而不是试图掩饰或伪装时，这种开放的态度会让对方也放下防备，更愿意分享内心的想法。通过真诚的对话，我们不仅可以传达准确的信息，还能够建立更为牢固的情感纽带。

真诚也意味着勇于表达内心的真实感受，而不是试图去迎合他人或掩饰自己的脆弱。在许多的人际交往中，我们常常会害怕引发冲突而压抑真实的情感，或者为了获得他人的认同而隐瞒自己的真实想法。然而，这种浮于表面的交流方式不仅难以建立真正的信任，还会让我们在内心深处感到孤立和疲惫。

与之相反的是，真诚的表达不仅让我们在沟通中获得对方的信任，还能让我们感受到内心的解脱与自由。在这一点上，已故苹果公司的创始人史蒂夫·乔布斯为我们树立了榜样。

2005 年，史蒂夫·乔布斯在斯坦福大学的毕业典礼上发表了一个充满真诚和智慧的演讲，分享了他人生中的几个重要故事。他的第一个故事就真诚地讲述了自己出生时被生母遗弃，由别人领养的经历。而另一个故事是关于他被自己创办的苹果公司解雇的惨痛经历。乔布斯坦率地描述了当时的失落和挫折，但他并没有回避这些困难，而是充满热情地讲述了自己如何从失败中重新找回激情的过程。

　　乔布斯向毕业生们讲述了他是如何在被苹果公司解雇后创立了 NeXT 和 Pixar，并最终重返苹果，帮助公司从低谷中走出来的过程。在演讲中，他毫不掩饰自己曾经的脆弱和困惑，但正是这种真诚的分享，赋予了他的故事极大的感染力。乔布斯的演讲不仅打动了在场的学生，也激励了无数人勇敢地面对生活中的挑战。

　　乔布斯通过真诚的表达展示了他对生活的热情和追求梦想的执着。他用自己的经历告诉听众，即使在最黑暗的时刻，只要坚持自己的信念，就有可能找到新的方向和力量。这个演讲成了一个经典的案例，证明了真诚不仅能够建立信任，还能激发人们从逆境中崛起的勇气和希望。

正如史蒂夫·乔布斯在斯坦福大学的毕业典礼演讲中所做的那样，他没有回避失败和挫折，而是选择了真诚地分享自己人生中最艰难的时刻，向所有人传达了坚持信念和重新出发的重要性。

在人际沟通中，真诚表达的重要性不容忽视。很多时候，我们会出于各种考虑，选择掩饰自己的真实想法，可能是为了避免冲突、讨好对方，或者害怕暴露自己的脆弱。然而，这种不真诚的表达，会导致沟通中的误解和距离感。因为对方很容易察觉到我们的不自然，从而失去信任，甚至产生怀疑。

真诚表达并不意味着毫无顾忌地说出心中的一切，而是要在适当的时机、用适当的方式，坦率地表达自己的感受和观点。当我们做到真诚时，不仅可以更有效地传递信息，还能营造出一种开放、信任的氛围。这样的沟通方式，不仅有助于解决问题，还能让双方都感到被尊重和理解，从而增进彼此之间的感情。

在一家公司里，小李和小张既是多年的同事，也是非常要好的朋友，不过就在最近，他们在公司某个项目的合作中发生了分歧。小李认为小张没有按计划完成任务，心中感到有些不满，但他并没有直接表达出来，而是选择默默忍受。结果，小李开始疏远小张，双方的关系也逐

渐冷淡。小张察觉到了小李的变化，但并不知道原因，因此感到困惑和不安。

终于，有一天，小李决定打破沉默，坦诚地向小张表达了自己的感受。他告诉小张自己对项目进展感到担忧，以及因为小张没有及时与自己沟通而感到的失望。出乎意料的是，小张并没有生气，反而很感激小

正念觉醒：别让你的情绪毫无价值

李的坦诚。他解释说，自己最近因为家里的事情分了心，导致工作效率不高，但并不是故意拖延。两人通过这次真诚的对话，消除了误会，重新恢复了信任，关系也变得比以前更加牢固。

通过这个例子我们可以看到，真诚的表达能够帮助我们解决潜在的问题，避免因误解而导致关系破裂。正是因为小李选择了坦诚相待，小张也得以敞开心扉，双方才能够继续良好的合作关系。真诚让沟通变得更加透明，也让彼此之间的情感纽带更加紧密。

正念在真诚表达中的作用也尤为关键。正念提醒我们：在表达时，专注于当下的感受，不被自己的情绪所左右。通过正念的练习，我们在对话中可以做到更专注，心态更平和。当我们意识到自己在对话中感到焦虑或不安时，正念可以帮助我们暂停片刻，深呼吸，重新集中注意力，从而让自己的表达更具建设性和真诚性。

总的来说，真诚的表达是一种维系人际关系的重要桥梁。它不仅能够增进信任，减少误解，还能帮助我们更好地理解彼此的需求和感受。下一次，当你感到内心的真实想法无法表达时，不妨尝试放下顾虑，选择真诚地面对沟通对象，或许你会发现，真诚才是最有力的沟通方式。

谦逊不是懦弱，而是一种正念

人们常说"做人要低调"，这种说法在与人沟通时尤为重要。低调并不是要你放低姿态、低声下气，或者过分奉承他人，而是一种谦逊与尊重的体现。这是一种沟通的艺术，以更加平和与接纳的方式与他人交流，不仅能赢得他人的好感，还能增进相互间的理解与尊重。

在日常对话中，低调的沟通风格表现为简洁明了地表达自己的观点，避免过度夸大或自吹自擂。同时，倾听他人意见时表现出真正的兴趣与关切，不打断对方，给予他们充分的表达空间。这样不仅展示了你的谦逊，也体现了对他人的尊重。

但遗憾的是，谦逊也经常被很多人误解为一种软弱或缺乏自信的表现。其实，真正的谦逊并非如此。它不是对自我价值的否认，而是一种基于正念的深刻自知之明。谦逊让我们清晰地认识到自己的优点与不足，从而以更平和的心态与他人相处。

一个真正谦逊的人，是一个充分了解自己的人。这样的自知之明能够帮助我们在面对成功时保持冷静，在面对挑战时坦然接受自己的不足。谦逊的人不会因为他人的赞美而自满，也不会因为他人的批评而气馁。相反，他们会以一种客观的态度看待自己，并不断寻求成长的机会。

例如，诺贝尔和平奖得主马丁·路德·金虽然被誉为伟大的民权运动领袖，但他始终保持着谦逊的态度。在面对巨大的成就和无数的赞誉时，他从未失去对自己使命的清晰认知，也从未停止对社会公正的追求。他的谦逊源于自己内心的正念，他深知，真正的力量不在于炫耀成就，而在于持续不断地为正义与和平努力。

除了马丁·路德·金，历史上许多成功者都比我们想象的更加谦逊，

他们不会因为自己的地位和荣誉而轻视他人，也能宽容地面对别人的质疑与非议。在这些人当中，阿尔伯特·爱因斯坦是一个典型的谦逊者。

作为20世纪最伟大的科学家之一，爱因斯坦不仅在物理学领域作出了巨大的贡献，在科学交流中也表现出极大的谦逊和对他人的尊重。

1931年，爱因斯坦在加州理工学院访问期间，与一群年轻的物理学家和数学家进行了一次非正式的聚会。在聚会上，一位年轻的物理学者弗兰克·奥本海默对爱因斯坦的相对论提出了质疑，认为其理论在某些方面缺乏数学严谨性。

面对这位年轻学者的挑战，爱因斯坦并没有表现出任何不悦或自

大。相反，他认真倾听了奥本海默的观点，并鼓励他展开更深入的讨论。爱因斯坦问道："你能详细解释一下你的看法吗？我非常欣赏你的洞察力，也许我们可以一起探讨这个问题。"

在接下来的讨论中，两人进行了深入的学术交流，探讨了相对论的各种可能性和局限性。爱因斯坦不仅提供了自己的见解，还不断鼓励奥本海默提出新的想法。这种低调和谦逊的态度，不仅让爱因斯坦在科学界广受尊敬，也使他成为其他科学家心目中的榜样。

爱因斯坦展现出来的谦逊，不仅是一种涵养，更是一种智慧。这种智慧体现在他对知识的开放态度上，即使面对自己创建的理论，他依然愿意聆听并认真思考他人的意见。爱因斯坦深知，科学的进步源于不断地质疑与探讨，而非固步自封。他的谦逊正是基于这种深刻的自知之明以及对真理的不懈追求。

谦逊并不意味着你的无能，恰恰相反，它是一种源自正念的力量，它让我们在取得成就时保持清醒，在面对挑战时保持开放。在人际交往层面，谦逊更是我们与他人建立深厚关系的重要途径，谦逊能够帮助我们在多元化的社会中，与不同背景、观点和经验的人进行有效的沟通与合作。

第九章

日常
生活中的
正念之道

正念生活是一种将专注与觉察融入日常的生活方式。这不仅仅是一种技巧，更是一种生活态度，让我们在繁忙的现代生活中找到内心的宁静与平衡。通过正念，我们可以更好地与自己的内心连接，避免被纷繁复杂的事务所困扰，从而更深刻地体验生活中的每一个瞬间。

正念晨间仪式：一天的平静开端

清晨，是一天中最宁静、最适合自我调节的时刻，也是开启正念生活的最佳时间段。一个精心设计的正念晨间仪式，可以帮助我们从早晨开始就为自己的一天设定一个平静而专注的基调。

我们常常在闹钟的催促声中匆匆起床，立即投入到一天的繁忙事务中。这种仓促的开始往往让我们带着焦虑和压力开始新的一天。正念晨间仪式的目的正是为了改变这种状态，为我们提供一个从睡眠到清醒的过渡空间，让身心在一天之初得到舒缓和调节。通过这个仪式，我们能够更好地调整情绪，设定积极的心态，以从容而专注的状态面对接下来的挑战。

正念晨间仪式不需要复杂的流程或大量的时间，简单的几分钟正念练习就足以让你感受到明显的不同。

1. 正念冥想

在起床后，先给自己几分钟时间，找一个安静的角落，闭上眼睛，专注于呼吸。你可以感受每一次呼吸的深度和节奏，以及气息是如何平稳地进出身体的。通过这种方式，你可以让思绪回归当下，缓解刚刚起床时的紧张感。

2. 晨间书写

在正念冥想后，你还可以拿出一个笔记本，记录下此刻的心情和感受。你可以写下自己今天的目标、工作或学习计划，或者简单地表达此刻的心情。这个过程能够帮助你理清思路，明确当天的方向，同时也是一种情绪的释放与整理。

3. 正念伸展

在冥想和书写之后，你可以进行一些简单的伸展运动。通过温和的动作，唤醒身体的每一个部分，感受肌肉的拉伸与放松。这不仅能帮助你更好地觉察身体，还能让你从一天的开始就注入活力与能量。

无论接下来的一天多么繁忙，通过正念晨间仪式，你会感到更加从容和专注，从而能够更好地应对挑战。更重要的是，长期坚持正念晨间仪式，将帮助你形成一种内在的稳定感，无论外界环境如何变化，你都能够保持内心的宁静与平和。

正念工作：提升效率与专注

在工作中，我们常常会因为多任务处理和不断涌入的信息而感到焦虑和不安。而正念可以帮助我们专注于当下的任务，减少分心，避免因为考虑太多未来的事情而影响当前的工作效率。你可以通过以下几种方法将正念融入你的工作中：

1. 专注于当下的任务

正念强调的是全神贯注于当前在执行的任务，而不是让思绪游离到那些未完成的工作上，或是沉溺于对未来的担忧和焦虑中。这种专注力的培养有助于提升工作效率、减少分心。每当你开始一项任务时，尝试用几秒钟的时间深呼吸，提醒自己全神贯注于手头的工作。同时，你可以在每天开始工作时为自己设定一个明确的目标，确保每一次专注于一项任务，从而避免效率低下的"任务切换"。

2. 正念呼吸练习

工作中难免会遇到压力大的时刻，我们可以借助正念呼吸练习来缓解焦虑，恢复注意力。当你感到焦虑或压力时，停下来闭上眼睛，注意力集中在呼吸的节奏上。通过缓慢深长的呼吸，让自己身体和精神放松下来。这样的呼吸练习可以迅速恢复你的精神状态，让你在高压环境中也能保持平静。

3. 正念休息

许多人在工作中往往忽视了休息的重要性，而正念休息则是一种有效的恢复精力的方法。与其在短暂的休息时间中翻阅社交媒体，不如选择静坐几分钟，专注于自己的呼吸，或者做一些轻松的运动来放松身心。正念休息不仅能让你的大脑从高强度的工作中解脱出来，还能为接下来的任务补充能量，从而提高工作效率。

4. 应对多任务处理

多任务处理是现代职场中常见的挑战之一，但它往往会导致注意力分散，影响工作效率。正念练习鼓励你一次只专注于一件事，这样不仅可以确保每一项任务都能高质量地完成，还能减少因任务切换而带来的心理疲劳。当你面对多项任务时，先列出优先顺序，然后按顺序逐一处理，而不是试图同时完成几项任务。

5. 培养同理心

在职场中，与同事和客户的互动也是工作不可缺少的一部分。通过正念培养同理心，你可以更好地理解他人的需求和感受，从而改善人际关系，促进有效的合作与沟通。特别是在团队合作时，正念同理心能够帮助你更好地站在别人的角度思考问题，避免冲突，并增强团队的凝聚力。

6. 正念结束工作

一天的工作结束时，通过几分钟的正念练习来总结一天的工作，反思哪些地方做得好，哪些地方可以改进。这样做不仅有助于提升工作的效率和质量，也能帮助你放下工作的压力，以轻松的心态迎接下一个工作日。

正念饮食：享受每一口食物

在快节奏的生活状态下，我们常常会不经意忽略了吃饭的过程，每次匆匆忙忙地吃完一顿饭，很少真正享受每一口食物的滋味。正念饮食是帮助我们建立与食物之间深层次联系的方式，通过关注食物的颜色、质感，以及我们的感官体验，来提升饮食过程的感知，从而让每一餐都变得更加有意义。

1. 放慢进食节奏

正念饮食的核心之一就是放慢进食的节奏。大多数人平时吃饭的速度很快，几乎不假思索就将食物咽下去，而这往往会让我们失去享受美食的乐趣。通过放慢咀嚼的速率，感受每一口食物的味道和质感，我们不仅能更好地品尝食物，还能更容易出现饱腹感，避免过度进食。

2. 充分感受食物

当我们吃东西的时候，正念饮食能帮我们敏锐地感受食物。这种感受不仅包括味觉，还包括了嗅觉、视觉，甚至是听觉。你可以先花几秒钟时间观察食物的颜色和形状，闻一闻它的香气，再慢慢放入口中细细品味。这种全面的感官体验能让你对每一餐都充满感激和满足。

3. 减少分心，专注进食

你可能已经习惯于一边吃饭，一边看电视、刷手机，甚至边忙工作边进食。然而，这样的分心不仅会使我们无法真正体验食物的美妙，还很容易暴饮暴食或对食物失去兴趣。正念饮食鼓励我们在吃饭时专注于食物，避免被外界所干扰。你可以尝试在吃饭时关闭电子设备，专注品味食物。

4. 关注身体信号

正念饮食不仅关注食物本身，还关注我们的身体感受。在进食过程中，时刻关注身体发出的信号，感受那种从饥饿到满足的变化过程。当你发现自己已经有饱腹感时，可以选择停止进食。

5. 感恩食物

在正念饮食中，感恩之情非常重要。我们可以在餐前花一些时间，感谢食物带来的能量和营养，感谢自己每天辛苦的付出，感谢身边亲友或同事的陪伴。这样的感恩之情能够增强我们对食物的热爱与尊重，让每一次用餐都成为一个有意义的仪式。

正念行走：走出心灵的宁静

正念行走或散步，是一种将注意力集中在当下的行走方式，它不仅能让我们与周围的环境更好地进行连接，还能帮助我们舒缓精神上的压力，让焦虑等负面情绪得到一定的缓解。而且，每天适当地行走也有助于我们维护身体的健康。

1. 迈好每一步

正念行走的核心在于将注意力集中在行走的过程本身。每一步都可以是一种觉察的练习。你可以尝试慢慢地抬起脚，感受脚与地面接触的每一个细节：脚跟落地、脚掌贴地、脚趾离地。你可以在心中默念"抬脚、移动、放下"，帮助自己保持专注。

2. 感受运动

在正念行走中，我们不仅要关注脚步的移动，还要关注身体整体的
感觉。你可以感受到腿部肌肉的力量，躯干的平衡，以及手臂的自然摆
动。这种全身的感知能够帮助你更好地了解自己的身体。

正念觉醒：别让你的情绪毫无价值

3. 与自然连接

正念行走的另一个好处是它能够让我们更好地与环境连接。当你在公园或森林中行走时，也可以将注意力转向周围的自然环境。你可以观察不同事物的颜色，感受气流拂过脸的感觉，聆听鸟儿的鸣叫，闻闻植物的气味。

4. 呼吸与步伐同步

在正念行走中，你可以有意识地调整自己的呼吸，配合步伐的节奏。试着让每一次吸气和呼气都与脚步的移动协调一致，比如吸气时走四步，呼气时也走四步。这种呼吸与步伐的同步能让行走变得更加舒缓和有节奏。

5. 放下杂念，专注当下

正念行走的一个重要意义是帮助我们放下内心的杂念，专注于当下的体验。在行走的时候，你可能会发现自己的思绪不由自主地转向工作、家庭或其他烦心的事物。此时，你可以调整自己的注意力，把关注点重新拉回到脚步和呼吸上。通过这种方式，你可以逐渐减少内心的杂念，让自己完全沉浸在行走的过程中。

正念休息：找到真正的放松

我们通常认为，只要放下手头上的工作，躺在沙发上看电视或刷手机，就是在休息。但事实上，这些活动并不能让我们的身体和精神真正得到放松，反而会进一步消耗我们的注意力和精力。我们可以通过正念休息让自己在精神和身体上都得到全面的放松。

1. 正念呼吸，开始放松

正念休息的第一步是通过正念呼吸来帮助自己进入放松状态。你可以找一个舒适的位置，闭上眼睛，专注于自己的呼吸，感受每一次呼吸

正念觉醒：别让你的情绪毫无价值

的进出，逐渐放松全身的肌肉。这种简单的呼吸练习有助于平静心绪，帮助你从日常的紧张和压力中解脱出来。

2. 感知身体状态

在正念休息中，你可以更好地了解自己的身体状态。当你感到紧张或疲惫时，试着将注意力集中在身体的某个部位，比如肩膀、背部或者双腿等。感受这些身体部位的状态，并随着呼吸的节奏逐渐缓解紧张的肌肉。

3. 正念放松练习

除了呼吸和身体觉察，你还可以尝试正念放松练习。这个练习可以在你感到疲惫或压力过大时进行。你可以躺下，闭上眼睛，逐步放松身体的每一个部分，从头顶到脚趾，逐步缓解紧张感。你可以在心中默念"放松"，随着每一次呼吸，感受到全身的压力逐渐消散。这种全身的放松练习不仅能够帮助你恢复体力，还能带来深层次的精神放松。

4. 不分心的休息

你可以选择一个安静的环境，远离手机和其他电子设备，给自己一段完全独处的时间。在这段时间里，你可以静静地躺着或坐着，感受周围的宁静与平和。这种无干扰的休息能够帮助我们更好地恢复精神，并增强对周围世界的觉察力。

5. 尊重内在需求

每个人都有不同的休息需求，正念休息强调的是倾听自己身体和心灵的声音，尊重自己独特的节奏。如果你感到疲惫，就不必强迫自己去做更多的事情，而是给自己一个正念的休息时间，让身心得到充分的修复。通过正念的方式，你能够更好地了解自己的休息需求，从而在忙碌的生活中找到真正的平衡。

正念社交：在忙碌中保持自我

我们几乎每天都离不开社交。无论是与朋友聚会，还是在工作中与同事打交道，社交活动往往占用了我们大量的时间和精力。然而，忙碌的社交生活也可能让我们感到疲惫，甚至失去自我。正念社交实践是一种有效的方式，有助于我们在纷繁的社交中保持平和，并维护良好的人际关系。

1. 明确你的需求

在参加任何社交活动之前，先为自己明确一个社交需求。社交需求可以是你希望自己在社交场合中展现出来的特质，或者是你希望与他人建立更加真诚的联系。通过明确的社交需求，可以让你在复杂的社交环境中更有方向感，不被外界的喧嚣所扰乱。

2. 专注当下

正念社交的另一个关键要素是全身心地投入到当下的互动中。当你与他人交谈时，尝试将注意力完全放在对方身上，倾听他们的言语、观察他们的表情、关注他们的身体语言。这不仅能帮助你更好地理解对方的感受，还能让对方感受到你的真诚与关怀。

3. 觉察情绪

社交活动往往会带来各种情绪波动，可能是兴奋、焦虑，甚至是沮丧。正念社交要求我们时刻觉察自己的情绪反应，并不被这些情绪所左右。当你感到情绪波动时，可以通过深呼吸或短暂的内心平静来调整自己，避免情绪失控。

4. 避免过度社交

正念社交还意味着我们要学会选择性地参与社交活动，并不是每一个社交邀请都需要去应对。适度的社交可以帮助我们建立和维系关系，而过度的社交可能会耗尽我们的精力。学会识别和尊重自己的社交需求，并为自己设定健康的社交界限，这是保持自我的重要方式。

5. 保持真实的自我

在社交中，正念提醒我们要保持真实的自我，避免迎合他人或伪装自己。真诚地表达自己的感受和观点，不仅有助于与他人建立更深厚的关系，也让你在社交中更加轻松自在。这样的真诚与开放会吸引那些真正欣赏你的人，从而形成更加有意义的社交圈子。

正念记录：每天的自我反思

正念记录并不仅仅是记下每天发生的事情，而是通过写作的方式深入探索自己的内心世界。这个练习能够帮助我们意识到自己在一天中经历的情绪波动、思维模式以及行为反应。通过这种有意识的反思，我们可以更好地理解自己的内在驱动力，以及这些因素如何影响我们的决策和行为。

1. 增强自我感觉

正念记录的一个核心好处是增强自我觉察。当你每天花时间反思并记录你的情绪、行为和思想时，你就能更清晰地看到自己在不同的情境中的反应模式。例如，如果你注意到自己经常在特定情况下感到焦虑或愤怒，通过记录，你可以发现触发这些情绪的原因，并思考是否有更健康的方式来处理这些情绪。正念记录可以让你摆脱自动化反应的困扰，进入一种更有意识的生活状态。

2. 促进情绪释放

正念记录还可以成为一个有效的情绪释放的工具。例如，当你遭遇到了一些事情，陷入焦虑、愤怒或悲伤中时，可以在日记中描述出来，通过写作让这些情绪得到一定的释放，而不是积压在心中。

3. 促进个人成长

通过记录每天的经历和反思，你可以更好地了解自己的内在需求，坚定自己的人生目标，从而在生活的各个方面做出更有意义的选择。例如，你可以记录自己每天在工作、家庭和社交生活中的表现，反思哪些行为和决定与自己的价值观相符，哪些又违背了自己的初衷。通过这样的记录和反思，你可以不断调整自己的行为模式，使自己朝着更有意义的生活方向迈进。

4. 注重正面的体验

在正念记录中，我们不仅要关注那些消极的情绪，还要有意识地记下那些让你感到快乐、满足的瞬间。记录这些积极的体验可以帮助你培养乐观、感恩的心态，逐渐增强对生活的热爱和幸福感。

通过每天的正念记录，我们可以逐渐建立起一种更加深刻的自我理解。这种理解不是为了追求完美，而是为了更好地认识自我、了解自我。正念记录不仅是一种自我反思的工具，更是一种滋养心灵的方式，帮助我们在生活的每一天中，找到真正的自我。